Mitteilungen der Gruppe Deutscher Kolonialwirtschaftlicher Unternehmungen

ELFTER BAND

WALTER DE GRUYTER & CO. / BERLIN W 35

1943

Archiv-Nr. 65 00 01

Druck von Metzger & Wittig in Leipzig

DIE NUTZBAREN MINERALLAGERSTÄTTEN VON KAMERUN UND TOGO

von

Georg Bürg

Mitteilungen
der Forschungsstelle für Kolonialen Bergbau
an der Bergakademie Freiberg
Nr. 4

Mit 11 Abbildungen im Text und 5 Tafeln

Geleitwort

Mit dem vorliegenden Bande wird die Reihe der regionalen Monographien über die Mineralvorkommen unserer afrikanischen Kolonien abgeschlossen. Der Darstellung der nutzbaren Minerallagerstätten von Deutsch-Ostafrika (Band 6 der „Mitteilungen") und derjenigen von Deutsch-Südwestafrika (Band 7) folgt nunmehr die Darstellung der lagerstättlichen und bergbaulichen Verhältnisse von Kamerun und Togo.

Wie schon bei der Vererzung von Deutsch-Ostafrika, besonders bei den dortigen Goldvorkommen, bestimmte Gesetzmäßigkeiten im Auftreten dieser Lagerstätten festzustellen waren, so haben sich ähnliche Nachweise auch bei den Gold- und Zinnvorkommen Kameruns, den wichtigsten Bodenschätzen dieser Kolonie, erbringen lassen. Es erscheint daher die Hoffnung berechtigt, daß in Zukunft die planmäßige Prospektion nach diesen und anderen Erzen auch in den heute noch nicht erkundeten Gebieten Afrikas mit mehr Aussicht auf Erfolg als bisher durchgeführt werden kann. Die in der Reihe unserer „Mitteilungen" vorgelegten regionalen afrikanischen Monographien gehen daher über den Rahmen normaler beschreibender Schilderungen hinaus. Vor allem kommt ihnen unter dem Gesichtspunkt späterer Planungen im eigenen Koloniallande Bedeutung zu.

Der Leiter der Gruppe
Deutscher Kolonialwirtschaftlicher Unternehmungen

Dr. Weigelt

Vorwort

Die vier deutsch-afrikanischen Schutzgebiete, deren Bearbeitung mit dem vorliegenden Bande abgeschlossen wird, erweisen sich trotz gemeinsamer Züge im geologischen Bau sehr ungleichartig mineralisiert, sowohl in bezug auf die Mannigfaltigkeit der bisher bekanntgewordenen Bodenschätze als auch hinsichtlich ihrer Intensität. Neben der Bergbaukolonie Deutsch-Südwestafrika und dem durch seinen Gold- und Zinnbergbau neuerdings bedeutsam gewordenen Deutsch-Ostafrika treten die beiden westafrikanischen Kolonien stark in den Hintergrund. Die bergbauliche Betätigung in Kamerun setzte erst 1933 ein. Sie hat inzwischen mit einer ansehnlichen Gewinnung von Gold, Zinn und Titan (Rutil) und in Neu-Kamerun auch von Diamanten eine rasche Ausweitung erfahren und dürfte bei diesen und einigen anderen Nutzmineralien eine befriedigende Weiterentwicklung erwarten lassen. Togo ist die am schwächsten vererzte und schon wegen ihrer Kleinheit am wenigsten aussichtsreiche unter den deutschen Kolonien. Am ehesten lassen hier noch die Eisen- und Chromerzvorkommen des Landes, die aber noch zu wenig untersucht sind, an eine spätere bergbauliche Erzeugung denken.

Geologisch und lagerstättenkundlich sind beide Gebiete bisher nur mangelhaft erforscht. Diese Tatsache hängt teils mit dem geringen Interesse der Mandatsmächte an der Nutzbarmachung der dortigen Bodenschätze, teils mit den erheblichen Verkehrs- und Klimaschwierigkeiten dieser tropischen Länder zusammen. Die Monographie vermag daher kein abgeschlossenes Bild der Mineralführung von Kamerun und Togo zu geben, da vieles einer späteren gründlichen Durchforschung vorbehalten bleiben muß. Es wird noch viel systematischer Arbeit bedürfen, um die vorhandenen Lücken nach und nach zu schließen. Aus diesem Grunde wurde besonderer Wert auf eine ausführliche Angabe der wichtigsten Literatur gelegt, die für Kamerun 124, für Togo 104 Schrifttumsangaben umfaßt.

Die Arbeit ist in zwei Teile zergliedert, von denen der erste Teil auf 100 Seiten die nutzbaren Minerallagerstätten von Kamerun, getrennt nach Alt- und Neu-Kamerun, behandelt. Unter letzterem

Namen ist das von Frankreich im Jahre 1911 auf Grund des Marokko-Kongo-Vertrages an Deutschland abgetretene Gebiet zu verstehen, über das lagerstättenkundlich nur wenig bekannt ist. Anschließend werden auf 46 weiteren Seiten die nutzbaren Minerallagerstätten von Togo zur Darstellung gebracht.

Die Forschungsstelle ist auch für die Förderung dieser Arbeit in erster Linie dem Reichsleiter des Kolonialpolitischen Amtes der NSDAP., Herrn General Franz Ritter von Epp, zu Dank verpflichtet. Weiterer Dank gebührt Herrn Dr. Kurt Weigelt, dem Leiter der Gruppe Deutscher Kolonialwirtschaftlicher Unternehmungen, den Herren Generaldirektor Dr. E. Lübbert und Dr. F. A. Zoellner in Firma Afrika-Bergbau K.-G. und Herrn Dr. Günter Wolff, dem Leiter der Kolonialwissenschaftlichen Abteilung des Reichsforschungsrates.

Freiberg, im Januar 1943.

Forschungsstelle für kolonialen Bergbau
an der Bergakademie

Schumacher

Inhaltsverzeichnis

Erster Teil

Die nutzbaren Minerallagerstätten von Kamerun

Allgemeiner Teil

Spezieller Teil: Die Minerallagerstätten

A. Alt-Kamerun

I. Teil:

Die nutzbaren Minerallagerstätten von Kamerun

Allgemeiner Teil

A. Landeskundliche Verhältnisse

1. Geographische Lage

Kamerun liegt im innersten Winkel der Bucht von Guinea und trennt das sogenannte Ober-Guinea von Nieder-Guinea. Es erstreckt sich vom 13. Grad nördlicher Breite bis zum 1. Grad südlicher Breite und von 8° 30′ bis 18° 30′ östlicher Länge. Da Kamerun im Verhältnis zu seiner Größe nur einen relativ geringen Anteil an der Küste hat, sind auch seine Grenzen zum größten Teil keine natürlichen.

Die Größe der Kolonie und damit der Flächeninhalt haben sich mehrfach geändert. Das ursprüngliche alte Kamerun bedeckte eine Fläche von etwa 544000 qkm. Im Jahre 1911 trat Frankreich auf Grund des sogenannten Marokko-Kongo-Vertrages einen Teil seines äquatorialafrikanischen Besitzes an Deutschland ab (Neu-Kamerun). Dieser Neubesitz hatte etwa 270000 qkm Fläche und umfaßte Gebiete an der Kameruner Ostgrenze und einen Teil von Gabun an der Südgrenze. Als Gegenleistung erhielt Frankreich von Deutschland das Gebiet zwischen Schari und Logone mit rund 25000 qkm.

Durch den Versailler Vertrag fiel Neu-Kamerun wieder an Frankreich zurück und wurde mit Französisch-Äquatorialafrika vereinigt. Alt-Kamerun teilten die beiden Mandatsmächte England und Frankreich in der Weise auf, daß England sich mit zwei kleineren Gebieten an der Nigeriagrenze begnügte, die 88266 qkm umfassen, und Frankreich die mandatarische Verwaltung des übrigen Alt-Kameruns mit einem Flächeninhalt von 429750 qkm übertragen wurde.

2. Oberflächengestaltung

Für Kamerun sind vier orographische Gebiete charakteristisch:

1. Das Küstenvorland.
2. Das Plateau von Kamerun.
3. Die Massivregion von Adamaua.
4. Das Tschadseebecken.

1*

Im Innern Kameruns ist ein reicher Wechsel von Gebirgen und Hochflächen, die mit steilen Böschungen abfallen, von weiten Ebenen und Tiefflächen, die von hohen Gebirgsketten durchzogen werden, zu verzeichnen.

1. Das Küstenvorland ist ein flaches Alluvialland, das sich kaum 50 km breit zu beiden Seiten des Kamerunberges hinzieht. Die Küstenlinie selbst bildet einen Bogen, der nach Südwesten geöffnet ist und in dessen innerem Winkel der Kamerunberg gelegen ist, der sich kühn zu 4070 m Höhe erhebt und das Küstenvorland in zwei Teile teilt.

2. Das Plateau von Kamerun. Von dem Küstenvorland steigt man nach Osten meist über mehrere Stufen auf ein weites Plateau hinauf, das sich über den größten Teil von Kamerun — fast $^{9}/_{10}$ der Oberfläche — erstreckt. Es endet etwa am 8. Grad nördlicher Breite und stellt den nördlichsten Teil der Schwelle von Nieder-Guinea dar. Nach Osten zu senkt sich die Hochfläche allmählich und geht schließlich in französisches Gebiet über. Die Oberfläche des Plateaus ist durch Aufbiegungen und Brüche vielfach unterteilt und einzelne Sockel ragen aus ihr hervor. Der höchste Teil des Plateaus befindet sich mit 1000—1300 m mittlerer Höhe im Norden. Nach dem Süden zu fällt es stufenförmig bis auf etwa 600 m ab; auch seine nördliche Fortsetzung bildet ein etwa 300—600 m hohes Tiefland. Aus allen Hochflächen und Stufenlandschaften ragen einzelne Gebirgsstöcke empor, die zum Teil eine Höhe von weit über 2000 m besitzen.

Die eigentliche Hochfläche kann orographisch in zwei Regionen geteilt werden: das Hochland von Südkamerun und das Hochland von Südadamaua. Im ersteren liegt das Südkameruner Randgebirge, die 700—800 m hohe Sanagaschwelle, die Sanagamulde und der 400—600 m tiefe Mberegraben. Im Hochland von Südadamaua befindet sich die Numibschwelle, das Ngaunderehochland, das eine Höhe bis 1800 m erreichen dürfte und steil zum Tiefland der Massivregion Adamauas nach Norden zu abstürzt, ferner das 800—1200 m hohe Mbamplateau, das über 2000 m hohe Bamendagebirge, das bis zu 3000 m Höhe erreichende Kumbohochland und das Baliplateau.

3. Die Massivregion von Adamaua stellt eine Fastebene von etwa 600 m mittlerer Meereshöhe mit aufgesetzten Inselbergen dar, die in Form von hohen Gebirgsstöcken beträchtliche Höhen erreichen können. Sie wird durch das Benue-Tiefland in zwei Teile zerlegt: Mitteladamaua im südlichen Teil, mit einer Reihe einzelner Gebirgsmassive, die bis 2000 m aufragen, und Nordadamaua, das durch das Mandaragebirge beherrscht wird.

4. Im äußersten Nordosten der Kolonie findet man die weiten Alluvialebenen des Tschadsee-Beckens, in denen das Grundgebirge verschwindet und nur vereinzelte Inselberge aus dem Alluvialschutt herausragen. Der Tschadsee liegt 290 m hoch und von hier aus steigt das alluviale Gebiet mit fast unmerklichen Neigungen ganz allmählich nach Süden bis auf etwa 400 m an.

3. Klima und Entwässerung

Kamerun ist klimatologisch kein selbständiges oder einheitliches Gebiet. Das Klima hängt von den großen Luftdruckzonen über dem afrikanischen Kontinent, der Sahara einerseits, dem Kongo- und Kalahari-Becken andererseits ab. Von entscheidendem Einfluß auf das Klima ist auch der tiefeinschneidende Winkel der Bucht von Guinea.

Das Klima weist große Gegensätze auf: Niederungen mit tropisch-feuchter Hitze, täglichen Regengüssen, Stürmen und qualmenden Nebeln auf der einen, Hochländer mit einer manchmal nördlich kühlen Luft und monatelanger Trockenheit auf der anderen Seite.

Die durchschnittliche Jahresmenge der Niederschläge nimmt im Gegensatz zum Kongogebiet im mittleren Kamerun von der Küste nach dem Innern zu ab. In der Küstenzone ist der Feuchtigkeitsgehalt der Luft außerordentlich groß. Die meisten Regen fallen in der Nacht. Die Niederschlagsmenge beträgt hier 3000—5000 mm. Die größte Regenmenge fällt bei Bibundi und Debundja am Kamerunberg und beträgt jährlich 10000—11000 mm. Auf dem Plateau, wo die meisten Regen tagsüber fallen, schwanken die Niederschlagsmengen zwischen 1200 und 2100 mm. Die regenbringenden Winde sind hauptsächlich die vom Meere kommenden Westwinde. Niederschläge in fester Form überziehen jedes Jahr vorübergehend das Kamerungebirge mit einer Schneedecke und Hagelfälle auf den Plateaus sind keine Seltenheit.

Im Küstenvorland östlich des Kamerunberges gibt es eine einzige Regenzeit mit einem Maximum von Juni bis September. Eine Trockenzeit kennt man nur im Dezember und Januar. Nach dem Süden zu erfolgt allmählich ein Übergang in die Gebiete mit zwei Regenzeiten und nach dem Norden zu gibt es im größeren Teil Kameruns nur zwei Jahreszeiten: Die Regenzeit von Mai bis Oktober und eine Trockenzeit von November bis April. Die Regenzeit wird von einer mehrwöchigen Sturmperiode begleitet.

Entsprechend der wechselnden Regenmenge und des morphologischen Baues ist die Wasserführung und Entwässerung der Kolonie recht verschieden. Zum Teil findet heute noch ein Kampf um die Wasserscheide statt, so daß große Sumpfgebiete entstehen, die bald in der einen, bald in der anderen Richtung entwässern.

Man kann in Kamerun vier große Stromsysteme unterscheiden:

1. Die Küstenflüsse,
2. die Flüsse des Kongosystems,
3. die Flüsse, die in das abflußlose Tschadsee-Becken münden,
4. die Flüsse des Benuesystems.

Die Küstenflüsse besitzen für afrikanische Verhältnisse relativ unbedeutende Längen. Die wichtigeren Flüsse sind: Der in Nigeria mündende Kreuzfluß (Cross River), der bis auf das deutsche Gebiet schiffbar ist, der Sanaga, der größte aller Küstenflüsse, und der Njong. Der Sanaga ist leider nur in seinem Unterlauf unterhalb Edea schiffbar, da er weiter flußaufwärts überall von Stromschnellen durchsetzt ist. Der Njong dagegen ist von seinem Quellgebiet bis zum Rande des Hochplateaus schiffbar, wo er plötzlich mit gewaltigen Kaskaden den Abfall des Hochlandes hinabstürzt. Alle Küstenflüsse sind wasserreich. Zum Kongo strömen der mächtige Ssanga mit seinen größeren Nebenflüssen, dem Dscha und dem Kadei, die beide zum Teil schiffbar sind. Die Tschadsee-Zuflüsse, der Schari und Logone, können in der Regenzeit von flachgehenden Booten befahren werden, wogegen die zum Benuesystem gehörenden Flüsse mit Ausnahme des Benue selbst, der bis Garua schiffbar ist, für die Schiffahrt wertlos sind. Beim Durchbrechen der Plateauränder bildeten sich in allen Flüssen Stromschnellen und setzen damit der Schiffahrt ein Ende.

Die Temperaturverhältnisse der Kolonie sind, wie auch die Luftdruckverhältnisse, von dem Wandern der Sonne abhängig. Die Durchschnittstemperatur der Küste schwankt zwischen 25° und 28° C und ist im Verhältnis zur geographischen Lage relativ niedrig. Die Ursache hierfür liegt darin, daß der kühle Benguelastrom noch die Südküste Kameruns erreicht. Ferner verursacht auch der vorherrschende Seewind eine merkbare Abkühlung. Das Hochplateau Kameruns zeichnet sich meist durch große Temperaturschwankungen aus. Besonders sind auch die täglichen Schwankungen recht beträchtlich. Die mittlere Jahrestemperatur nimmt nach dem Innern zu unverhältnismäßig rasch ab. Jaunde (731 m hoch) besitzt 22,5° C, Bali (1340 m hoch) 18,1° C im Jahresmittel.

4. Vegetation

In Kamerun gibt es je nach Klima, Bodenbeschaffenheit und Höhenlage sehr verschiedene Pflanzenformationen. Besonders charakteristisch ist das Waldland einerseits und das Grasland andererseits. Die Küsten sind von einem Gürtel von Mangrovenwald umsäumt, dessen einzige Charakterpflanze die Mangrove ist, die auf Brackwasser angewiesen ist. Weiter landeinwärts entwickelt sich aus dem Mangrovenwald der mit dichtem Unterholz bestandene Sumpfwald, der seinerseits wieder in den eigentlichen tropischen Urwald, den immergrünen Regenwald übergeht. Er nimmt das ganze Vorland sowie den Süden des Plateaus ein und geht unmittelbar in den zentralafrikanischen Urwald über. Hier trifft man unter anderem den Wollbaum, den Mahagonibaum, den Rotholzbaum, die Ölpalme und ausnutzbare Kautschukarten. Dieser Urwald regeneriert sich dort, wo er vernichtet wird, nicht wieder. Nur in sehr regenreichen Gegenden kann sich auch dann noch ein Hochwald entwickeln. — In den trockenen Gebieten findet man den Steppenbuschwald. Eine besondere Form dieses Waldes ist die Obstgartensteppe, in der die Bäume licht stehen und die einzelnen Kronen sich nicht berühren. Man kennt außerdem noch den Dornbuschwald, der vornehmlich aus Akazien besteht und für den Europäer oft undurchdringlich ist.

Das Grasland beherrscht die weiten Gebiete mit Trockenzeiten. Gräser sind hier die vorherrschenden Pflanzen. Sie wachsen in Büscheln und können, wie z. B. das Elefantengras, 6—7 m hoch werden. Die sogenannte Buschsavanne bildet den Übergang zum Steppenbuschwald.

5. Bevölkerung

Kamerun ist nächst Deutsch-Ostafrika unsere volkreichste Kolonie. Die Eingeborenen zählen nach den neuesten Unterlagen rund 3,5 Millionen. Davon entfallen 2606281 auf den französischen und 857227 auf den britischen Mandatsteil. Dies ergibt für das französische Mandatsgebiet eine Bevölkerungsdichte von 6,2 je qkm, für das englische von 9,7 je qkm und für Deutsch-Altkamerun von 6,8 je qkm.

Da Kamerun in der letzten Hälfte des vorigen Jahrhunderts der Schauplatz großer Wanderungen und Völkerverschiebungen gewesen ist, bietet es ethnologisch ein buntes Gemisch von Stämmen, Sprachen und Kulturen. Die Bantu bewohnen die Küste und das Waldland.

Zu ihnen gehören die Duala und der volkreiche Stamm der Pangwe. Die Sudanneger beherrschen das Grasland. Aus dem Norden kamen Semiten, Hamiten und Hamitoiden, die sich vielfach mit den Graslandstämmen gemischt haben. Als gerissene Händler und Handwerker sind die hamitisch-berberischen Haussa zu erwähnen.

Es werden auf dem Gebiete Kameruns verschiedene Sprachen gesprochen. Die Urbevölkerung, die Bagielli, sprechen ihre eigene Sprache; doch beherrschen sie auch die Sprache derjenigen Stämme, in deren Gebiet sie sitzen. Das Arabische wird nur von den Schua südlich des Tschadsees gesprochen. Das Ful und das Kanuri zeigen Verwandtschaft mit dem Somali. Die Sprache der Neger zerfällt in die Sudansprache und in die Bantusprache.

Die Zahl der weißen Bevölkerung betrug im französischen Mandatsteil im Jahre 1938 3227, davon 2282 Franzosen. Die Deutschen waren aus Kamerun vertrieben worden. Später wurden sie wieder zugelassen, doch befanden sich 1938 nur 105 Deutsche in diesem Teil Kameruns.

Günstiger liegen die Verhältnisse im britischen Mandatsstreifen, in dem im Jahre 1925 die Pflanzungen am Kamerunberg mit einer Ausnahme wieder in deutsche Hände übergegangen waren. So betrug die Zahl der Deutschen 1938 285 Köpfe von insgesamt 448 Europäern. Die Briten dagegen waren nur mit 86 Köpfen vertreten.

Die Arbeitsverhältnisse haben sich im französischen Mandatsgebiet in bezug auf die Beschäftigungszahl bis 1936 dauernd gebessert. In diesem Jahr waren rund 52000 Eingeborene in den verschiedenen privaten Unternehmungen des Landes beschäftigt. 1937 waren es nur 48691, was auf die geringere Beschäftigung in den Holzunternehmungen zurückzuführen war.

Nach Weigelt war die Verteilung auf die einzelnen Beschäftigungsgebiete folgende:

Beschäftigungsgebiet	1934	1935	1936	1937
Handel	4492	9863	11483	12129
Landwirtschaft	16913	21207	22954	22297
Holz-Minen-Industrie [1])	11468	12191	17564	14265
	32873	43261	52001	48691

Aber auch Kamerun blieb von den Schwierigkeiten in der Beschaffung von Arbeitskräften nicht verschont. Es wurde deshalb

[1]) Davon in den letzten Jahren 6000—7000 im Bergbau.

1937 von der Mandatsverwaltung eine Kommission zum Studium der Arbeiterfrage eingesetzt.

Im britischen Mandatsgebiet war die Entwicklung eine ähnliche.

Weigelt ist der Ansicht, daß für eine weitere große Entwicklung, wie sie zweifellos die ungewöhnliche Fruchtbarkeit Süd-Kameruns zuläßt, die im britischen und französischen Mandat vorhandenen Menschenmengen nicht ausreichen. Dies ist auch von besonderer Bedeutung für eine spätere Planung und Steigerung des Bergbaues.

6. Erzeugungswirtschaft und die wirtschaftliche Bedeutung der Mineralvorkommen

Kamerun zeigt in wirtschaftlicher Beziehung die typische Entwicklung einer hauptsächlich urwaldbestandenen, schwer erschließbaren tropischen Kolonie. Am Anfang spielte die Ausbeutung der schon vorhandenen reichen Wildkautschukbestände im Süden Kameruns die Hauptrolle. Hinzu kamen unter anderem die Erzeugnisse der in ausgedehnten wildwachsenden Beständen vorkommenden Ölpalme. Schon vor dem ersten Weltkriege wurde aber auch der pflanzungsmäßige Anbau der Ölpalme in Angriff genommen, und der Anbau von Kakao, Bananen, Kautschukbäumen und Tabak von den Deutschen neu eingeführt.

Im Jahre 1912 waren die wichtigsten Ausfuhrprodukte nach Lange:

	Menge in t	Wert in Mark	%
Kautschuk	2811	11472000	49,1
Palmkerne	15999	4406000	18,8
Bau- und Nutzholz	11290	696000	2,9
Kakao	4552	4242000	18,1
Palmöl	3595	1622000	6,9
Elfenbein	35	536000	2,0

Wie Tabelle 1 und Abb. 1 erkennen lassen, hatte die deutsche Verwaltung im Zeitraume von 1900—1913 eine Steigerung des gesamten Außenhandels von 20,1 auf 63,8 Millionen Mark erzielt. Obgleich gerade Kamerun noch sehr viel von seiner Vollerschließung entfernt war, hatte 1913 die Ausfuhr mit 29,2 Millionen Mark fast die Einfuhr (34,6 Millionen Mark) erreicht.

Tabelle 1

Jahr	Einfuhr	Ausfuhr	Gesamt-außenhandel
A. Außenhandel Kameruns in Millionen Mark			
1900	14,25	5,89	20,14
1901	9,40	6,26	15,66
1902	13,39	6,65	20,04
1903	9,64	7,57	17,21
1904	9,38	8,02	17,40
1905	13,47	9,32	22,79
1906	13,31	9,95	23,26
1907	17,30	15,89	33,19
1908	16,79	12,16	28,95
1909	17,72	15,45	33,17
1910	25,58	19,92	45,50
1911	29,32	21,25	50,57
1912	34,24	23,34	57,58
1913	34,62	29,15	63,77
1900—1913	258,41	190,82	449,23
B. Außenhandel im französischen Mandatsgebiet in Mill. RM.			
1922	11,48	8,66	20,14
1923	13,86	10,77	24,63
1924	16,27	14,75	31,02
1925	25,28	22,68	47,96
1926	26,18	21,18	47,36
1927	32,09	26,94	59,03
1928	33,80	26,17	59,97
1929	31,84	28,01	59,85
1930	28,44	22,50	50,84
1931	17,24	13,55	30,79
1932	12,02	13,72	25,74
1933	12,43	12,81	25,24
1934	9,67	11,95	21,62
1935	14,54	16,08	30,62
1936	19,23	25,58	44,81
1937	26,00	26,54	52,54
1938	15,49	18,07	33,56
1922—1938	345,86	319,96	665,82
C. Außenhandel im englischen Mandatsgebiet in Mill. RM.[1]			
1921	0,75	0,63	1,48
1922	0,97	2,58	3,55
1923	1,05	1,37	2,42
1924	0,86	2,09	2,95
1925	4,60	2,57	7,17
1926	4,77	4,50	9,27
1927	6,25	6,21	13,46
1928	5,92	7,88	13,80
1929	4,00	6,28	10,28
1930	3,37	5,67	9,04
1931	1,98	2,96	4,94
1932	1,53	2,34	3,87
1933	1,63	2,34	3,97
1934	1,41	2,46	3,87
1935	2,21	3,87	6,08
1936	3,00	5,50	8,50
1937	4,05	6,49	10,54
1921—1937	48,35	65,74	114,09

[1]) Nur der Handel über die Häfen Victoria und Tiko.

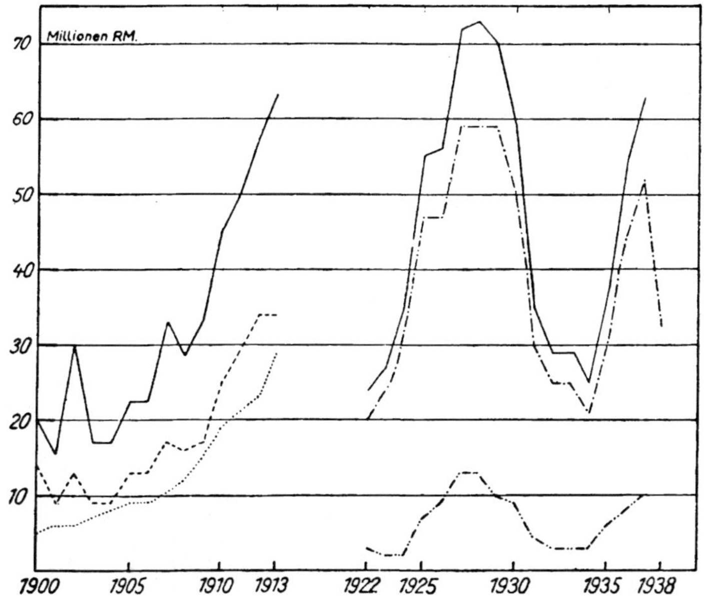

——— = Gesamtaußenhandel   - - - - - = Einfuhr zur deutschen Zeit
.... = Ausfuhr zur deutschen Zeit   -·-·-· = Gesamthandel des franz. Mandates
-··-··- = Gesamthandel des engl. Mandates

Abb. 1. **Gesamtaußenhandel Kameruns für die Jahre 1900—1938**

Die Hauptpflanzungsgebiete befanden sich zu deutscher Zeit auf den unteren Hängen des regenreichen Kamerungebirges. Sie bildeten nach dem Weltkriege das wirtschaftliche Schwergewicht im britischen Mandat. Allerdings begann der wirtschaftliche Aufstieg erst wieder 1925 nach der Rückkehr der deutschen Pflanzer, die die Bananenkultur neu aufnahmen und so gut entwickelten, daß die Bananenausfuhr in den letzten Jahren wert- und mengenmäßig an erster Stelle steht. Die Ausfuhr der wichtigsten Produkte aus dem britischen Mandatsgebiet über die Seegrenze betrug 1938:

	Menge in t	Wert	
		in £	in RM.
Obstbananen	**56092**	**277550**	**3380559**
Kakao	**3913**	**63021**	**767596**
Kautschuk	**755**	**32911**	**400856**
Palmöl	**1611**	**15545**	**189338**
Palmkerne	**1450**	**9697**	**118109**

Infolge des Wegfalles der deutschen Pflanzungen beruht die wirtschaftliche Erzeugung des französischen Mandatsgebietes heute überwiegend auf der Eingeborenenproduktion, die von der Mandatsverwaltung stark gefördert wird. Nach dem ersten Weltkriege standen an erster Stelle Palmöl und Palmkerne, sie wurden aber mengen- und wertmäßig 1934 vom Kakao erreicht und dann überflügelt.

Die Ausfuhr des französischen Mandats im Jahre 1938 ist aus Tabelle 2 zu ersehen.

Tabelle 2

Ausfuhr aus dem französischen Mandatsgebiet im Jahre 1938

	Menge in t	Wert	
		in Frs.	in RM.
Rinder	1431	2843000	203843
Schweine	1	6000	430
Häute (trocken)	336	1301000	93282
Elfenbein	1	46000	3298
Mais	6387	5205000	373199
Bananen	25992	8859000	635190
Erdnüsse	7950	8953000	641930
Sesam	737	997000	71485
Palmkerne	33030	40390000	2895963
Bohnenkaffee	4251	23083000	1655051
Kakao	31030	84541000	6061590
Tabak	162	7165000	513731
Palmöl	8899	17418000	1248871
Kautschuk	1437	9194000	659210
Bauholz	10468	2606000	186850
Mahagoni	10103	2662000	190825
Ebenholz	639	562000	40295
Kunsttischlerholz	8151	2253000	161540
Eisenbahnschwellen	1	1000	72
Bretterholz	24	10000	717
Balkenholz	11432	8733000	626156
Baumwolle	23	161000	11544
Zinnerz	315	5804000	416147
Rutil	183	704000	50477
Gold (900 fein)	0,5	14862000	1065605
Verschiedenes	1193	3600000	258120
		251959000	18065460

Der Bergbau hat sich erst in den letzten Jahren entwickelt. Zwar waren die meisten Mineralvorkommen schon zur deutschen Zeit bekannt; jedoch verhinderten die schlechten Verkehrsverhältnisse, aber auch eine gewisse Interesselosigkeit das Aufkommen eines Bergbaues. Nur langsam entschlossen sich die Mandatsmächte zu genaueren Untersuchungen, so daß im französischen Mandat die erste Produktion erst 1933 zu verzeichnen ist, während es im britischen Mandatsteil bis heute noch keinen Bergbau gibt.

Wie aus untenstehender Aufstellung der Ausfuhrprodukte des französischen Mandatsgebietes aus dem Jahre 1938 und aus Abb. 2 ersichtlich ist, spielt der Wert der Mineralprodukte, verglichen mit

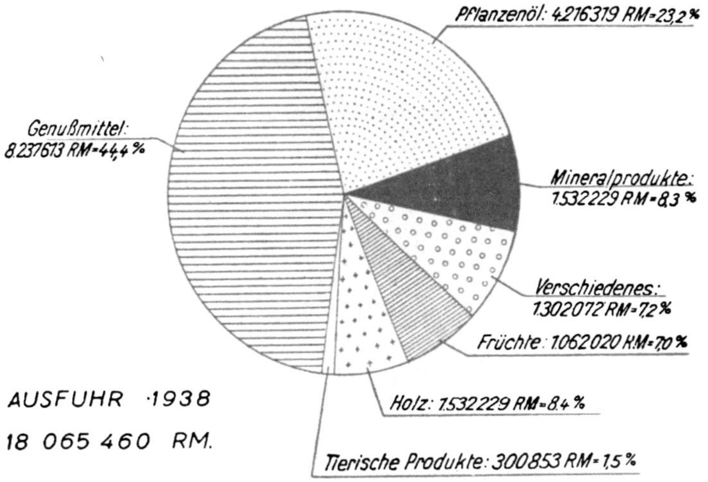

Abb. 2. Ausfuhr des französischen Mandatsgebietes im Jahre 1938

demjenigen der übrigen Produkte und vor allem mit dem Gesamtwert, eine recht untergeordnete Rolle. Der prozentuale Anteil der einzelnen Produktionsgebiete ist folgender:

	Wert		%
	in Frs.	in RM.	
Genußmittel (Kaffee, Kakao, Tabak)	114789000	8237613	44,4
Pflanzenöl	58805000	4216319	23,2
Mineralprodukte	21370000	1532229	8,3
Früchte	17812000	1062020	7,0
Holz	16827000	1532229	8,4
Tierische Produkte	4196000	300853	1,5
Verschiedenes	18160000	1302072	7,2
		18183335	

Der Wert der Gesamtausfuhr Alt-Kameruns für die Zeit von 1900 bis 1938 mit Ausnahme der Jahre 1914—1921, für die keine Zahlen vorliegen, beträgt rund 576 Millionen RM. An dieser Summe sind die Mineralprodukte nur mit 5294454 RM., demnach nur mit rund 1% beteiligt. Auf die einzelnen Mineralien entfallen folgende Wertzahlen (vgl. auch Abb. 3).

Gold	3062797	RM.	= 57,8%
Zinn	2141095	„	= 40,4%
Rutil	90562	„	= 1,8%

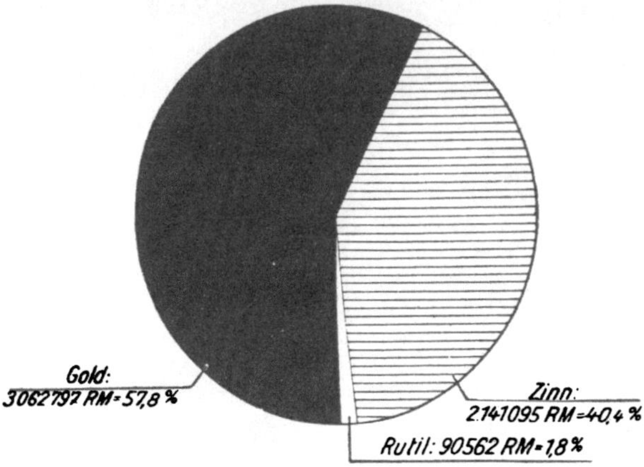

Abb. 3. Anteil der einzelnen Mineralien an der gesamten Bergbauproduktion Alt-Kameruns bis einschließlich 1938

In diesen Summen sind die Zahlen für Neu-Kamerun nicht enthalten. Die Mineralproduktion Neu-Kameruns für 1936—1939 war folgende:

Rohgold (1936—1938)	**950 kg**
Diamanten (1937—1939)	**36440 Karat.**

Für ganz Kamerun ist die Mineralproduktion aus folgender Tabelle zu ersehen:

	Rohgold			Zinnerzkonz. t Alt-Kam.	Rutil t Alt-Kam.	Diamanten Karat Neu-Kam.
	kg Alt-Kam.	kg Neu-Kam.	kg Zus.			
1933				**97,4**		
1934	**13,8**		**13,8**	**244**	**5**	
1935	**88,2**		**88,2**	**314**	**43**	
1936	**342,8**	269,7	612,5	**315**	**55**	
1937	**442,4**	270,1	712,5	**336**	**103**	**602**
1938	**483,4**	410,0[1])	893,4	**315**	**183**	**17554**
1939	**503,4**	?		**363**	**?**	**18284**

7. Verkehrsverhältnisse

Kamerun kommt infolge seines Klimas als Besiedlungsland für Weiße bis auf kleinere Gebiete in den Hochländern, die sich vielleicht

[1]) Geschätzt.

als besiedlungsfähig erweisen werden, voraussichtlich nicht in Betracht. Unter diesem Umstand leiden natürlich die Verkehrsverhältnisse, die am einfachsten im Küstengebiet sind, wo als billigstes und brauchbarstes Verkehrsmittel die Seeschiffahrt zur Verfügung steht. Der Hafen von Duala ist einer der besten der westafrikanischen Küste. Seine Hafenanlagen wurden unter der französischen Mandatsverwaltung durch eine deutsche Firma auf Reparationskonto großzügig ausgebaut. Weniger gut sind die Häfen und Landungsstellen bei Victoria, Tiko und Rio del Rey im englischen und Kampo im französischen Mandat.

Als natürliche Verkehrswege im Küstengebiet sind die Flußläufe des Sanaga, Wuri, Mungo, Muni und Ndiam zu nennen, die von der Küste aus auf kurze Strecken schiffbar sind und in ihrem Delta zahlreiche schiffbare Querverbindungen (Creeks) haben.

Ungleich schwieriger ist die Verkehrsfrage für alle jene Teile Kameruns, die nicht im unmittelbaren Verkehrsbereich der Küste, des Niger oder des Kongo, sondern im Hinterland Kameruns liegen. An Eisenbahnlinien stehen nur zwei kurze Strecken zur Verfügung. Beide Bahnen verlaufen in dem unter französischer Mandatsverwaltung stehenden Teil von Kamerun. Die Zentralbahn, an deren Weiterbau von deutscher Seite aus noch während des ersten Weltkrieges gearbeitet wurde, beginnt in Duala und ist von den Franzosen bis Jaunde (308 km) fertiggestellt worden. Ferner wurde von Otele aus eine 37 km lange Abzweigung nach Mbalmajo am schiffbaren Njong gebaut. Die zweite Bahn, die sogenannte Nordbahn, führt von Bonaberi nach Nkongsamba. Sie ist 160 km lang. Neben den Bahnen verfügt der französische Mandatsteil über ein ausgezeichnetes Straßennetz. Etwa 4000 km dürften als Allwetterstraße ausgebaut sein. Im britischen Mandatsteil existieren nur rund 300 km private Pflanzungsbahnen, wogegen der Straßenbau von der Mandatsverwaltung völlig vernachlässigt wurde.

Hauptsächlich im südlichen Teil Kameruns hat sich ein starker Trägerverkehr entwickelt.

Der Flugverkehr ist in Kamerun noch nicht sehr entwickelt. Im Jahre 1937 wurde die Linie Dakar—Pointe Noire der „Aéromaritime“ in Betrieb genommen, die über Duala führt, und der Norden Kameruns wurde durch die innerafrikanische Linie Sinder—Fort Lamy—Bangi an den Flugverkehr angeschlossen.

Tabelle

Zeitalter	Formationsglieder	Wichtigste Gesteine
		Käno-
Quartär	Ablagerungen des Tschad-Beckens	
Tertiär	Osse-Sandstein Wuri-Schichten des Eozäns	Kalkstein, Sandstein, Schieferton
		Meso-
Kreide	Kreuzfluß-Schichten Mungo-Schichten	Sandstein, Kalkstein, Ton, Arkosen, Konglomerate, Schieferton
Schichten unsicheren Alters	Djeremsandstein Mbere- und Mbina-Sandstein, Tengelin-Sandstein, Küstensandsteine	Sandstein, Konglomerate, Schiefer, Kalkstein
Jura bis Trias	Obere Karruformation mit a) Lualabastufe und b) Lubilasch-Sankurustufe (ältere Karru fehlt anscheinend)	a) Grauwacken, Grauwakkenschiefer; b) Mamberesandstein, bunte Mergel, Basiskonglomerat
		Paläozoikum,
Devon bis Silur	Katangaformation (Kundelungu) „Système schisto gréseux"	Quarzite, Sandstein, Arkosen, Tonschiefer, Basiskonglomerat
Jung-Algonkium	Jukaduma-Lom-System Mächtigkeit etwa 3000 m „Système metamorphique"	Glimmerschiefer, Phyllite, Quarzite, kristalliner Kalk im Norden. Im Südosten statt Kalk Graphitschiefer. Itabirite
Archaikum und Alt-Algonkium	Kamerunsystem Sehr große Verbreitung, etwa $^3/_4$ der Kolonie bedeckend	Hochmetamorphe Gesteine. Biotit, Muskovit-, Hornblende und Zweiglimmergneise. Paragneise. Glimmerschiefer, granatführende Schiefer, Graphitgneise, Itabirite

B. Der geologische Bau und die geologische Entwicklungsgeschichte

Kamerun gehört geologisch mit dem größten Teil seines Flächenraumes zur Großregion des Kongo-Beckens und bildet mit der Ubangi-

3

Krustenbewegungen	Magmentätigkeit	Mineralführung
zoikum		
Bruchtektonik	Hauptphase des Vulkanismus. Kamerunberg	Petroleumspuren, Gold-, Zinn- und Rutilseifen
Kippbewegung der Kamerunscholle. Bruchtektonik	Betonter Vulkanismus	Krusteneisensteine, Lignitflöze
zoikum		
Schwache, etwa O—W streichende Faltung. Transgression	Intrusionen des Alkalimagmas. Beginnender Vulkanismus	Dünne Kohlenbänder der lignitischen Sandsteine, bituminöse Schiefer
Kontinental-lakustre Sedimentation, vom inneren Kongo-Becken übergreifend	Granite ? Porphyre	
Algonkium, Archaikum		
Überwiegend ungefaltet		
Starke Faltung. Streichen meist NW	Eklogit, Gabbro, Diorit, Hornblendegranit, Biotitgranit, Zweiglimmergranit, selten Muskovitgranit, Porphyrite	Graphitschiefer, Eisenquarzitschiefer, Hämatit, Magnetit, goldführende Pyrit-Quarzgänge und Glimmerschiefer, Zinnstein, Glimmer, Wolframit
Starke mehrfache Faltung. Streichen sehr wechselnd, vielfach NW	Granitgneise Amphibolite Pyroxenite	Rutil in den Paragneisen, goldhaltige Pyrite in den Schiefern Süd-Kameruns. Eisenquarzitschiefer, Manganerze

Region den Nordrand desselben. Nur der nördliche Teil mit Nordadamaua und dem Tschadsee-Gebiet gehört der sudanischen Großregion an.

Im Gegensatz zum Inneren des Kongo-Beckens, das von Schichten des Kongo- (oder Karru-) Systems und jüngeren Decksedimenten eingenommen wird, besteht Kamerun, wie alle das Kongo-Becken umsäumenden Randgebirge, zum allergrößten Teil aus alten kristallinen Gesteinen.

Das Baumaterial Kameruns ist nicht sehr abwechslungsreich. Der größte Teil setzt sich aus alten kristallinen Schiefern und jungen Gesteinen teils eruptiver, teils sedimentärer Natur zusammen. Durchsetzt ist das kristalline Grundgebirge von Tiefengesteinskörpern, hauptsächlich Graniten. Normale, nichtmetamorphe Schichtgesteine findet man nur in den Randgebieten des Kamerun-Massives. Im Jungtertiär und Quartär, aber auch schon in der Kreide drangen vulkanische Gesteine in großem Umfang an die Oberfläche.

Schon aus diesen kurzen Bemerkungen ist ersichtlich, daß in Kamerun verhältnismäßig einfache stratigraphische Verhältnisse vorliegen, wenngleich sie heute mangels eingehender Studien noch lange nicht als geklärt angesehen werden können. Die einzelnen Formationen sind in der Tabelle 3 zusammengefaßt und werden nachstehend kurz beschrieben.

1. Stratigraphie

a) Archaikum und Alt-Algonkium

Behrend versteht unter dieser Bezeichnung alle jenen archaischen und altalgonkischen Gesteine, die in Westafrika eine zusammenhängende Fläche bilden und sich von Togo über Dahomey und Nigerien durch ganz Kamerun bis in den englisch-ägyptischen Sudan hineinziehen. Der Grad der Metamorphose und die primäre Zusammensetzung der Gesteine ist einem häufigen Wechsel unterworfen, so daß man nach genaueren Studien sicherlich mehrere Abteilungen des Archaikums wird ausscheiden können. Beim gegenwärtigen Stand unserer Kenntnisse der Geologie Kameruns erscheint es aber zweckmäßig, wie dies Behrend tat, das Archaikum und Alt-Agonkium nicht zu trennen.

Es gehören hierher hochmetamorphe Gesteine, die aus Orthogneisen, und zwar sowohl Biotit-, wie Muskovit-, als auch Hornblende- und Zweiglimmergneisen bestehen. Sie stecken intrusiv in den hochmetamorphen Sedimenten, unter denen hauptsächlich Paragneise verschiedener Ausbildung, untergeordnet Muskovitglimmerschiefer, Biotitglimmerschiefer, Schiefer mit reichlicher Granatführung und auch Graphitschiefer vertreten sind. Die Glimmerschiefergruppe („Système metamorphique“ der Franzosen) gehört wahrscheinlich ins Jung-Algonkium.

b) Jung-Algonkium

Die Gesteine des Jung-Algonkiums sind anscheinend an vielen Stellen abgetragen worden und nur noch in Resten vorhanden, weshalb sie heute eine verhältnismäßig geringe Verbreitung haben. Sie bilden meist größere oder kleinere Inseln und bestehen in Nord-Kamerun, wo sie hauptsächlich südlich Garua in den oberen Zuläufen des Benue und östlich Garua bei Lere auftreten, aus Glimmerschiefern, Phylliten, Quarziten und kristallinem Kalk. Ferner findet man jungalgonkische Sedimente im Stromgebiet des Lom, zwischen den Orten Betare Oja, Meiganga und Kunde, ferner im Südosten in der Gegend von Jukaduma, wo die kalkigen Einlagerungen anscheinend teilweise durch Graphitschiefer vertreten sind. Die französische Geologen bezeichnen das Jung-Algonkium mit „Systèm metamorphique".

c) Silur bis Devon

Bisher sind Schichten des Alt-Paläozoikums nur aus dem Süden der Kolonie bekannt geworden, wo sie östlich Akoafim von Gabun aus, in dem sie anscheinend eine erhebliche Verbreitung besitzen, in einer schmalen Zunge auf deutsches Gebiet vordringen. Man findet hier eine Folge von quarzitischen Sandsteinen, Arkosen und Tonschiefern von meist roter, seltener heller Farbe. Die Basis wird von Konglomeraten gebildet, in denen stellenweise Zonen von schwarzem Schiefer auftreten. Diese Schichtenfolge wird mit den oberen Kundelungu-Schichten, also dem obersten Teil der Katangaformation parallelisiert.

d) Trias bis Jura (obere Karruformation)

Zwischen dem Devon und der Trias scheint in Kamerun eine Schichtlücke zu bestehen, denn die schieferigen Grauwacken, Quarzite und dunklen bituminösen Tonschiefer am Mao Dakume gehören der Lualabastufe (mittlere Karru) an. Mann fand in ihnen Fischreste, und Dietrich konnte die hier gefundenen Brachiopoden als Estheriella Lualabensis feststellen. Grauwacken, Grauwackenschiefer und schwarze Tonschiefer treten auch am Mao Lidi (Sidi) und am Mao Bumba östlich Rei Buba („Sidi-Schichten"), ferner bei Bidsar und in Nordadamaua an mehreren Stellen auf. Behrend hält es allerdings für wahrscheinlich, daß die meisten dieser Vorkommen jungalgonkisches Alter besitzen, da sie von Graniten durchbrochen werden und in Mittelafrika bis jetzt noch keine Granitdurchbrüche bekannt sind, die der Karruzeit angehören oder noch jünger wären.

Es folgen nunmehr dem Alter nach die jüngsten triassischen und jurassischen Schichten der Karru, die Lubilasch-Schichten, die jedoch nach den Aufnahmen der französischen Geologen zu urteilen im Alt-Kameruner Gebiet noch nicht gefunden wurden. Sie besitzen anscheinend eine etwas größere Verbreitung am Mambere in Neu-Kamerun, wo sie als Mambere- oder Carnotsandsteine bekannt sind.

Von einer großen Anzahl von Sandsteinvorkommen (Djeremsandstein, Mbere- und Mbinasandstein, Tengelinsandstein und Küstensandstein = „grès sublittoreaux" der französischen Geologen) weiß man noch nicht genau, wie man sie stratigraphisch einordnen soll. Ein Teil von ihnen wird wohl noch dem oberen Jura zuzuordnen sein.

e) Kreide

Die Sedimente der Kreidezeit haben keine große Verbreitung; sie besitzen jedoch dort, wo sie auftreten — und dies ist hauptsächlich im Küstengebiet der Fall —, eine vielfältige Ausbildung. Im Küstengebiet beginnen sie nördlich vom Wurifluß bei Duala und ziehen nördlich vom Kamerunberg vorbei zum Crossfluß, von hier zum Benue und diesen entlang bis etwa nach Garua. Sie bestehen im wesentlichen aus Sandsteinen und Kalksteinen. Auch Arkosesandsteine und Konglomerate treten auf.

Die Kreide der Crossbucht ist leicht gefaltet. Die Faltenwellen streichen NNW—SSO. Man kann annehmen, daß die tektonischen Bewegungen, die bis in die Unterkreide zurückführen, ihren Höhepunkt in der Oberkreide erreichten.

f) Tertiär und Quartär.

Am Dibamba treten nach der Küste zu dünnplattige Sandsteine auf; ferner finden sich gelblichgraue kalkige Schiefertone und Kalksteine bei Ba Kundu ba Bomba am Mungo und einige andere Sedimente am Wuri, deren Fauna starke Anklänge an das Eozän des Pariser Beckens zeigt.

Die Schichten von Dschang und einige Sande und rote Sandsteine, Schiefertone, Kalksteine und gelegentliche Konglomerate, die in schmalen Streifen das Eozän überlagern, werden zum Jungtertiär gerechnet.

Zum Jungtertiär und Quartär gehören auch die feldspatführenden Sande und graugrünen sandigen Tone im Tschadsee-Becken.

2. Tektonik

Schon Passarge versuchte ein System in die Strukturlinien Kameruns zu bringen und stellte folgende wichtigsten tektonischen Linien auf:

1. Die SSW—NNO streichende Kamerunlinie, die man nach Behrend besser als Kamerunrichtung bezeichnet, da es sich hier um eine breite Schwächezone im afrikanischen Kontinentalsockel handelt. Sie ist durch eine Reihe von Vulkanen gekennzeichnet, die sich von der kleinen Insel Annobon über Fernando Poo, den Kamerunberg, das Bamenda-, Tschebtschi- und Mandara-Gebirge bis zu den Inselbergen in Nordadamaua verfolgen lassen.
2. Die WSW—ONO streichende Sanaga-Linie, die durch die Sanaga-Schwelle und -Mulde, den Nord- und Südrand von Südadamaua und den Mbere-Graben verkörpert wird. Behrend hält es für möglich, daß sie zur Kamerunrichtung gehört.
3. Die W—O oder WNW—OSO streichende Benue-Linie mit der Senke zwischen Jola und Garua, den Inselbergketten und Gängen in Adamaua und dem Crossfluß-Tiefland.
4. Die von NO nach SW streichende Bali-Linie.

Krenkel faßt die Kamerun- und Sanaga-Linie als eine Einheit auf. Sie würde seiner als somalisch bezeichneten NO-Richtung entsprechen. Als zweite Einheit kann man die Benue- und Bali-Linie betrachten, die der erythreischen NW-Richtung Krenkels gleichkommt.

Somit findet man auch in Kamerun die für ganz Afrika typische Gitterstruktur, die sich aus den zwei NO- und NW-gerichteten Hauptkomponenten zusammensetzt. Selbstverständlich kommen auch mehr oder weniger große Abweichungen davon vor. Krenkel nimmt sogar an, daß auch eine N—S gerichtete Bruchrichtung im Bau von Kamerun maßgebend sei. Sie habe die Senkung derjenigen Teile des Kontinents veranlaßt, in denen die Bildung der Kreide- und Tertiärschichten des Benuebeckens vor sich ging.

Jedenfalls steht fest, daß der tektonische Bau Kameruns sich als recht verwickelt darstellt. Es ist wahrscheinlich, daß die beiden haupttektonischen Richtungen zu verschiedenen Zeiten in verschiedenem Maße an der Zerklüftung dieses Teiles des Kontinentalsockels Afrikas beteiligt waren. Überblickt man die geologische Karte (Tafel I), so fällt es auf, daß die alten granitischen Zonen und damit die erste tektonische Anlage Kameruns anscheinend eine NW-Richtung aufweisen, die vor allem in der Faltungsrichtung zum Ausdruck kommt.

Dieser Richtung folgt auch die Pegmatitzone von Jaunde-Bafia-Dschang, diejenige von Edea-Jabassi und die von Kribi. Gleichfalls NW—SO streichen in großen Zügen die älteren Vererzungszonen (siehe das Kapitel über die Vererzung). Noch nicht genau festzustellen ist die Anordnung der jüngeren Granite, da sie meist auf den geologischen Karten nicht ausgeschieden und an und für sich noch viel zu wenig studiert sind. Sie scheinen aber ausgesprochen nordöstlich zu streichen. Durch die eruptive Tätigkeit heilten die alten NW—SO gerichteten Bruchlinien allmählich zu und der kristalline Sockel konsolidierte sich in dieser Richtung mehr und mehr, so daß die Sedimentation am Ende des Paläozoikums schon in SW—NO gerichteten Senken erfolgte. Die Zerrüttung entlang dieser Richtung wurde nunmehr immer stärker, so daß die vulkanischen Ergüsse in der Kreide und vor allem im Tertiär eine ausgesprochen somalische Richtung einnehmen.

Außer diesen beiden alten Bruchrichtungen, von denen demnach die somalische erst später zum Durchbruch kam, zeigt Kamerun in jüngerer Zeit eine flexurartige Aufbiegung seines Küstenstreifens, der zu dem treppenartig ansteigenden Küstengebirge aufgewulstet wurde, sowie eine Heraushebung des kristallinen Gebietes gegen die von jüngeren Sedimenten erfüllte Benue-Tschad-Senke.

Von Nigerien wird Kamerun nach Krenkel durch eine „strukturelle Fuge" getrennt, die sich möglicherweise bis in das östliche Mittelmeergebiet verlängern läßt.

3. Hydrologische Verhältnisse

Von R. Pfalz

Die Gebiete Kameruns, in denen sich bisher Europäer angesiedelt haben, weisen so reichliche Niederschläge auf, daß gesammeltes Regenwasser vollkommen zur Deckung des Bedarfes an Nutzwasser ausgereicht hat. Die Erforschung der Grundwasserverhältnisse ist deshalb bisher nicht für notwendig gehalten worden, und nur einigen Sol- und Mineralquellen hat sich das Interesse zugewandt. Für eine künftige Erschließung ist aber die Beschaffung einer zuverlässigen Menge von hygienisch einwandfreiem Grundwasser in allen Ansiedlungen von Europäern notwendig und auch zur Sanierung der Eingeborenensiedlungen anzuraten; sie wird um so dringlicher werden, je mehr sich die europäische Bewirtschaftung nach dem Innern ausbreiten wird. Dort stellt schon die Trockenzeit, die an der Küste keine Schwierigkeiten bereitet, neue Aufgaben, da sie nach Norden an Dauer zunimmt und schon in Mittel-Kamerun zwei Monate anhält. Schließlich hat auch die Forstwirtschaft im Urwalde mit Problemen des Wasserspeicherungsvermögens der Böden zu rechnen, deren Lösung eine genaue Kenntnis der Grundwasserverhältnisse voraussetzt.

Wenn auch über die Grundwasserbildung in den Kameruner Landschaften so gut wie keine Untersuchungen vorliegen, so lassen sich doch auf Grund des geologischen Bildes und der Erfahrungen in anderen afrikanischen Gebieten die hydrologischen Grundzüge angeben. Im Bereich der kristallinen Schiefer, welche den Hauptteil der Kolonie einnehmen, und der Intrusiva sind Wasseranreicherungen vor allem in Klüften und an Gängen zu erwarten; wesentlich beständigere, ausgebreitete Grundwasserhorizonte können sich dann einstellen, wenn kristalline Schiefer in flacher Lagerung auftreten; tektonische Mulden bewirken besondere Grundwasserbecken. Die mächtige Lateritdecke dieser Gesteine kann gute Grundwasserträger abgeben, wenn sie etwas sandig ausgebildet ist. Die weithin versumpfte Oberfläche des Hochlandes zeigt öfters ausgedehnte grundwasserführende Geländemulden. In der Inselbergzone entstehen Sickerwasseranreicherungen im Verwitterungsschutt der Hänge. Schichtwasser wird an vielen Stellen in dem Sedimentmantel auftreten, der den kristallinen Kern einfaßt. Namentlich sind die kretazischen, tertiären und quartären Bildungen der Küstenzone mit ihrem Wechsel von durchlässigen und undurchlässigen Schichten zur Entstehung von mehreren Grundwasserhorizonten geeignet. Ein breiter Streifen im Bereich des Logone wird gelegentlich von den Dauerflüssen aus eine Grundwassereinsickerung in die Nachbarschaft der Täler erfahren. Die Umgebung des Tschad besitzt einen ausgezeichneten Wasserträger in den jungtertiären Sedimenten der Tschadformation; außerdem bilden sich hier oberflächennahe Wasserhorizonte über den quartären Ablagerungen des Paläotschad aus. Freilich wird hier das Wasser häufig unter dem Einfluß der starken Verdunstung verbracken. Vulkanberge im regenreichen Gebiet geben zahlreichen Quellen den Ursprung, wie sie z. B. aus den Tuffen am Fuße des Kamerunberges hervortreten.

Die bisher bekannt gewordenen Beobachtungen über Sol- und Mineralquellen sind bereits gelegentlich der ersten geologischen Untersuchungen von deutscher Seite angestellt worden.

Der Häufigkeit jungvulkanischer Erscheinungen entsprechend weist die Kolonie Eisensäuerlinge und erdig-alkalische Säuerlinge in großer Zahl auf (Fumban, Tingere, Bali, Dschibuta). Aus zerklüftetem

Granit treten bei Galim, Arnados Dorf, Demssa und Ngaundere Mineralquellen (mit Bikarbonaten von Na, Ca und Mg) auf, die bei der Salzarmut der Kolonie seit alter Zeit Bedeutung für die Viehtränke besitzen und von den Eingeborenen gegen Abgaben an die Besitzer benutzt werden; das Vieh soll nach ihrem Genuß besonders gut gedeihen. — Von den Solquellen wird bei der Salzgewinnung die Rede sein.

C. Die magmatischen Phänomene

1. Die Eruptivgesteine

Die ältesten Sedimente waren noch in archaischen Zeiten Faltungsprozessen unterworfen, in deren Verlauf auch eine rege magmatische Tätigkeit einsetzte. Vornehmlich saure Intrusionsmassen durchbrachen wahrscheinlich in mehreren Perioden die Sedimente, metamorphosierten diese oder assimilierten sie zum Teil. Da auch diese Eruptivgesteine nachträglich in verschiedenem Grad der Regionalmetamorphose anheimfielen, kann man annehmen, daß die Magmenförderung vielfach schon einsetzte, ehe die Sedimente in den Bereich der Kata- oder Mesozone gerieten, und daß sie erst mit dem endgültigen Abschluß dieser ersten Faltungsphase beendet wurde. Es wurde vor allem massenhaft granitisches Magma gefördert, das heute als Orthogneise (meist Biotitgneise, aber auch Hornblende-, Zweiglimmer- und Muskowitgneise) zwischen den alten Sedimenten liegt. Das basische Magma spielte dabei anscheinend nur eine untergeordnete Rolle, denn die heute durchweg als Amphibolite und Pyroxenite vorliegenden basischen Gesteine treten seltener auf und besitzen meist nur eine geringe Ausdehnung.

Neben diesen alten Gneisgraniten (in der geologischen Karte durch Rosafarbe gekennzeichnet) findet man im Archaikum, ebenso wie in den algonkischen Schichten, zahlreiche große und kleinere Massive und Stöcke granitischer Gesteine, die namentlich die algonkischen Sedimente im Kontakthof oft so wesentlich umgewandelt haben, daß sie den archaischen ähnlich sind und vielfach von diesen nicht unterschieden werden können. Die schnelle Abnahme der Umwandlung mit der Entfernung vom Kontakthof kennzeichnen diese jüngeren Granite (in der geologischen Karte mit dunkelrot hervorgehoben) einwandfrei als Intrusiva. Sie besitzen demnach, zumindest teilweise, ein jung- oder postalgonkisches Alter. Sie können vielfach an den Rändern kontinuierlich in Orthogneis übergehen (z. B. an den

Wuri-Schnellen). Kleinere Stöcke können auch völlig in Gneis umgewandelt sein, andere Massive und Stöcke wiederum lassen überhaupt keine Druckerscheinungen erkennen.

Außer den Graniten kommen, wenngleich viel seltener, auch basische Intrusionen vor, die in Form von Eklogiten, Gabbros und Dioriten gelegentlich größere Areale einnehmen können.

Die Granite liegen, soweit dies die heutigen geologischen Untersuchungen beurteilen lassen, als Biotit-, Muskovit-, Zweiglimmer- und Hornblende-Granite vor. Die Biotitgranite scheinen vorzuherrschen.

An Ganggesteinen findet man in Gefolgschaft der Granite Aplite und Pegmatite. Man kennt zahlreiche Gangaplite, die in den Graniten oder an ihrer Grenze auftreten. Ihre Mächtigkeit schwankt zwischen mehreren Metern und einigen Zentimetern. Meist sind sie wie die Granite dynamisch stark beeinflußt. Sie bestehen aus Orthoklas und Quarz und an Menge stark zurücktretend aus Mikroklin, Plagioklas, Muskovit und Apatit.

Außer den eigentlichen Pegmatitgängen findet man auch sehr saure pegmatitische Granite, die sich im wesentlichen nur aus Quarz, Feldspat und Muskovit zusammensetzen.

Die Biotitgranite bestehen aus Orthoklas, Quarz und Biotit. In schwankenden Verhältnissen können teils Plagioklas, teils Mikroklin, teils beide hinzutreten. Als Übergemengteile findet man Apatit, Titanit, Zirkon, Magnetit, Ilmenit und Rutil. Die Zweiglimmergranite setzen sich aus Orthoklas, Mikroklin, selten Plagioklas (Labrador), Quarz, Biotit und Muskovit zusammen. Akzessorisch kommen Magnetit, Ilmenit, Apatit, Zirkon, Titanit und Epidot vor. In den Biotitamphibolgraniten ist der Orthoklas nicht immer vorherrschend; manchmal tritt er dem Mikroklin gegenüber zurück, und auch der Plagioklas kann ihn in den Hintergrund drängen, so daß ein dioritähnliches Zwischenprodukt entsteht. Ferner findet man Biotit, Hornblende, Quarz, Orthit, Magnetit und Apatit in reichlichen Mengen. Die Amphibolgranite bestehen aus Orthoklas, Mikroklin, Plagioklas, Quarz, Hornblende, Biotit und aus den Nebengemengteilen Titanit, Magnetit und Apatit.

Über die Altersverhältnisse der Granite lassen sich genaue Angaben noch nicht machen. Anhaltspunkte besitzen wir durch die Studien von van Aubel an der Ostgrenze Alt-Kameruns in der Gegend zwischen Baturi und dem Bumbe II. Er konnte hier folgende magmatische Abfolge feststellen: Der älteste Granit ist der Amphibolgranit (I), der in allen Teilen stark vergneist ist. In diesen intrudierte der Biotitgranit (II), der noch in großen Teilen Vergneisungserscheinungen erkennen läßt. Schließlich folgt der Zweiglimmergranit (III) oder der sogenannte rote Granit, der nur selten vergneist ist. Letzterer ist von sauren Spaltungsgesteinen begleitet.

Es ist anzunehmen, daß diese Abfolge in großen Zügen auch für die übrigen Teile Kameruns ihre Gültigkeit hat, denn sie entspricht der normalen Differentiation des Magmas, die, nach dem Grad der Vergneisung zu urteilen schon während der algonkischen (oder postalgonkischen?) Faltungsphase begann und mit deren Abklingen gleichfalls aufhörte.

Die regionale Verbreitung der einzelnen Granite ist verschieden. Es ist zwar vielfach so, daß der Biotitgranit der weitaus häufigste Granit ist; verfolgt man aber die Routenaufnahmen der französischen Geologen, so bekommt man doch den Eindruck, daß der Amphibolgranit in manchen Gegenden noch verbreiteter ist als der Biotitgranit.

Im Süden der Kolonie zwischen Kampo an der Küste und Ambam an der Ostecke Spanisch-Guineas findet man nur Amphibolgranite und amphibolreiche Mikrogranite, die sehr reich an Magnetit sind. Ebenso sind auch die alten Gneisgranite vornehmlich amphibolführend. Neben den Graniten kommen auch zahlreiche Mikrodiorite vor.

In der Höhe von Fumban und Betare Oja in der Mitte der Kolonie findet man hauptsächlich Biotitgranite und Biotitgneise. Der Amphibolgranit spielt hier nur eine untergeordnete Rolle; hingegen treten auch saurere Granite, wie Zweiglimmergranite, auf. Die gleichen Verhältnisse herrschen auch in der Zone Banjo-Tibati-Meiganga. Biotitgranite und Biotitgneise bauen auch vornehmlich das Gebiet von Banjo über Kontscha bis Garua auf, wogegen nördlich von Garua bis Mokolo und Marua der Amphibolgranit wieder allmählich die Vorherrschaft übernimmt.

Die regionale Verbreitung der verschiedenen Granittypen stimmt gut mit der Tektonik Kameruns überein. Im Süden und im Norden, wo man hauptsächlich nur die älteren, erythreisch streichenden Bruchlinien vorfindet, herrschen die basischen Hornblendegranite vor. Im zentralen Teil Kameruns hingegen, wo die somalisch streichenden tektonischen Linien eine Neubelebung der magmatischen Aktivität ermöglichten, schritt die Differentiation des Magmas weiter, und es kam neben der einleitenden Förderung von basischem auch zu einer Masseneruption des sauren Magmas. Es bildeten sich die orthoklas- und biotitreichen Alkaligranite. Der Verlauf der Differentiation war, wie dies noch im Kapitel über die Vererzung aufgezeigt wird, für die Bildung der Erzlagerstätten ausschlaggebend.

Mit den Graniten des Algonkiums (Post-Algonkiums?) ist wohl die Haupttätigkeit der magmatischen Vorgänge abgeschlossen gewesen. Wie bereits betont wurde, bestand eine Tendenz der Alkalianreicherung im Magma, die man durch die Gegenwart von Alkaligraniten, Alkalihornblendesyeniten und zahlreichen anderen Alkaligesteinen, die als Vorläufer und Bindeglied zu den vulkanischen Gesteinen der Tertiärzeit angesehen werden können, bestätigt findet. Entstanden noch im Paläozoikum, wohl als Ausläufer des granitischen Magmas, an verschiedenen Stellen Kameruns Porphyrgänge, Quarzporphyre und Hornblendeporphyrite, so greift doch immer mehr die Herrschaft der Gesteine der Alkaligranite um sich. Die Pyroxen-Hornblendesyenite der *Alkalireihe (mit Aegirinaugit bis Aegirin)* und die Alkalisyenite bilden vielleicht den Übergang zu den oberkretazischen Intrusionen alkalischer Gesteine.

Gegen Ende der Kreide setzt der Höhepunkt der tektonischen Bewegungen des Mesozoikums und damit gleichzeitig die vulkanische Tätigkeit ein. Die ältesten sicheren Anzeichen für diesen Vulkanismus kennen wir in den pflanzenführenden Basalttuffen, die Guillemain in den Kreideschichten am Mungo fand. Danach dürften die Eruptionen bereits im Senon begonnen haben. Die Hauptphase der Eruptionstätigkeit fällt aber zweifellos in die Tertiärzeit und speziell in das Pleistozän. Ganz abgeschlossen ist sie auch heute noch nicht, wie dies die Ausbrüche des Kamerunberges in den Jahren 1910 und 1922 beweisen.

Die Hauptmasse der Laven besteht aus Basalten verschiedener Zusammensetzung. Meist sind es Alkalibasalte, daneben findet man auch vielfach Plagioklasbasalte. Neben den Basalten sind Andesite, Trachyte, Phonolithe und Rhyolithe in großer Ausdehnung vorhanden. Die Laven dieser Vulkane sind im allgemeinen jünger als die der basaltischen, die sie durchbrechen oder häufig bedecken. Eine relativ große Verbreitung besitzen die Trachyte. Vertreten sind Sanadin-, Biotit- und Augittrachyte und sehr saure Trachyte, die sich schon den Lipariten nähern.

Die gewaltigste vulkanische Erscheinung ist der Kamerunberg, der als Vulkan jungtertiärer Geburt betrachtet werden muß. Das „Kamerun-Gebirge“ stellt ein vielgliedriges Vulkanmassiv von runder bis ovaler Form dar und bedeckt als dreistufiges Bergmassiv eine Fläche von etwa 2000 qkm. Der höchste Kegel ist der Fako, der mit 4070 m Seehöhe das höchste Gebirge Westafrikas bildet. Mit Ausnahme des Etinde, der als ältester Teil des Kamerunberges gilt, sind die hier vorkommenden Gesteine Plagioklasbasalte mit oft reichlichen Olivin-,

Augit- und Plagioklaseinsprenglingen. Außerdem fand man noch Trachyte und Phonolithe.

Der Etinde weicht in seinem Gesteinsmaterial vom Kamerunberg ab. Er besteht aus Nephelin-, Leuzit- und Hauyngesteinen. Man konnte bisher Leuzitit, Leuzitnephelinit, Hauynophyr und Nephelinit beobachten.

2. Die Vererzung

Aus dem vorhergehenden Kapitel ist zu ersehen, daß anscheinend bestimmte regionale Unterschiede in der Differentiation des Magmas bestanden, die sich darin äußerten, daß z. B. im Süden der Kolonie, im Gegensatz zum zentralen Teil, das Hauptdifferentiationsstadium des granitischen Magmas mit den basischen Hornblendegraniten aufhörte und saurere Nachschübe nur sehr vereinzelt gefunden werden konnten. Die gleichen Verhältnisse liegen auch nördlich Garua vor. Je mehr man sich aber den zentralen Teilen Kameruns nähert und hier vor allem den westlichen, desto mehr verschiebt sich der Schwerpunkt der Differentiation des Magmas nach der saureren alkalireichen Phase. Dementsprechend findet man im zentralen östlichen Teil Kameruns einen Differentiationsverlauf des granitischen Magmas, der seinen Höhepunkt mit der Intrusion eines biotitreichen Alkaligranites mit schon reichlicherer Pegmatitbildung erreichte, und schließlich im Westen viel Zweiglimmergranite mit gelegentlich vorherrschenden Muskovitgraniten und ausgedehnten pegmatitischen Zonen.

Naturgemäß handelt es sich hier um Unterschiede, die — wie betont — nur eine regionale Bedeutung haben; denn einmal ist Kamerun noch zu wenig geologisch durchforscht, zum anderen aber werden auf derartig großen Gebieten, wie sie den vorliegenden Betrachtungen zugrunde liegen, sicherlich immer Ausnahmen zu finden sein, die das Gesamtbild später verschleiern werden. Die Berechtigung zu den nachstehenden Betrachtungen gibt aber schon heute die ausgesprochene regionale Anordnung der Mineralvorkommen, wie sie aus Tafel II ersichtlich ist und wie sie auch besonders schön aus der Verteilung der Schurf- und Abbaurechte in Kamerun (Abb. 4) hervorgeht.

In beiden ist eine ausgesprochene lineare Anordnung der Mineralvorkommen zu erkennen. Besonders auffallend ist auch hier, wie dies vom Verfasser schon bei Deutsch-Südwestafrika aufgezeigt werden konnte, die regionale Trennung der Gold- und Kupferlagerstätten einerseits und der Zinn-Wolframlagerstätten andererseits. Zwar wurde Zinn auch bei Betare Oja im Goldgebiet gefunden und umgekehrt Gold im Zinngebiet; jedoch sind die wirtschaftlich wichtigen Vorkommen

Abb. 4

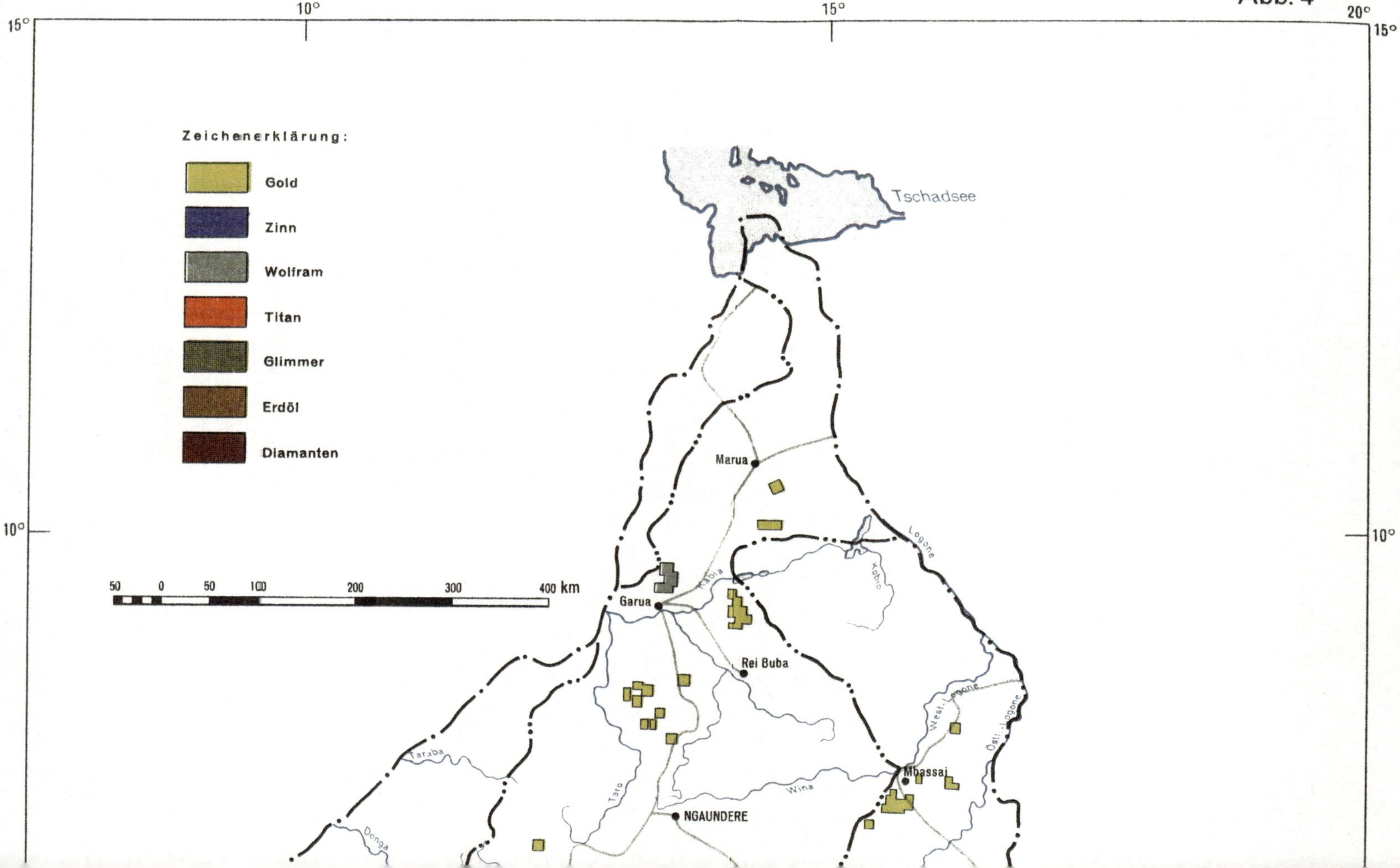

10°
15°
20°
15°
10°
Zeichenerklärung:
Gold
Zinn
Wolfram
Titan
Glimmer
Erdöl
Diamanten
50 0 50 100 200 300 400 km
Tschadsee
Marua
Garua
Rei Buba
NGAUNDERE
Mbassai
Logone
Kobio
Kabia
West-Logone
Ostl.-Logone
Wina
Taro
Taraba
Donga

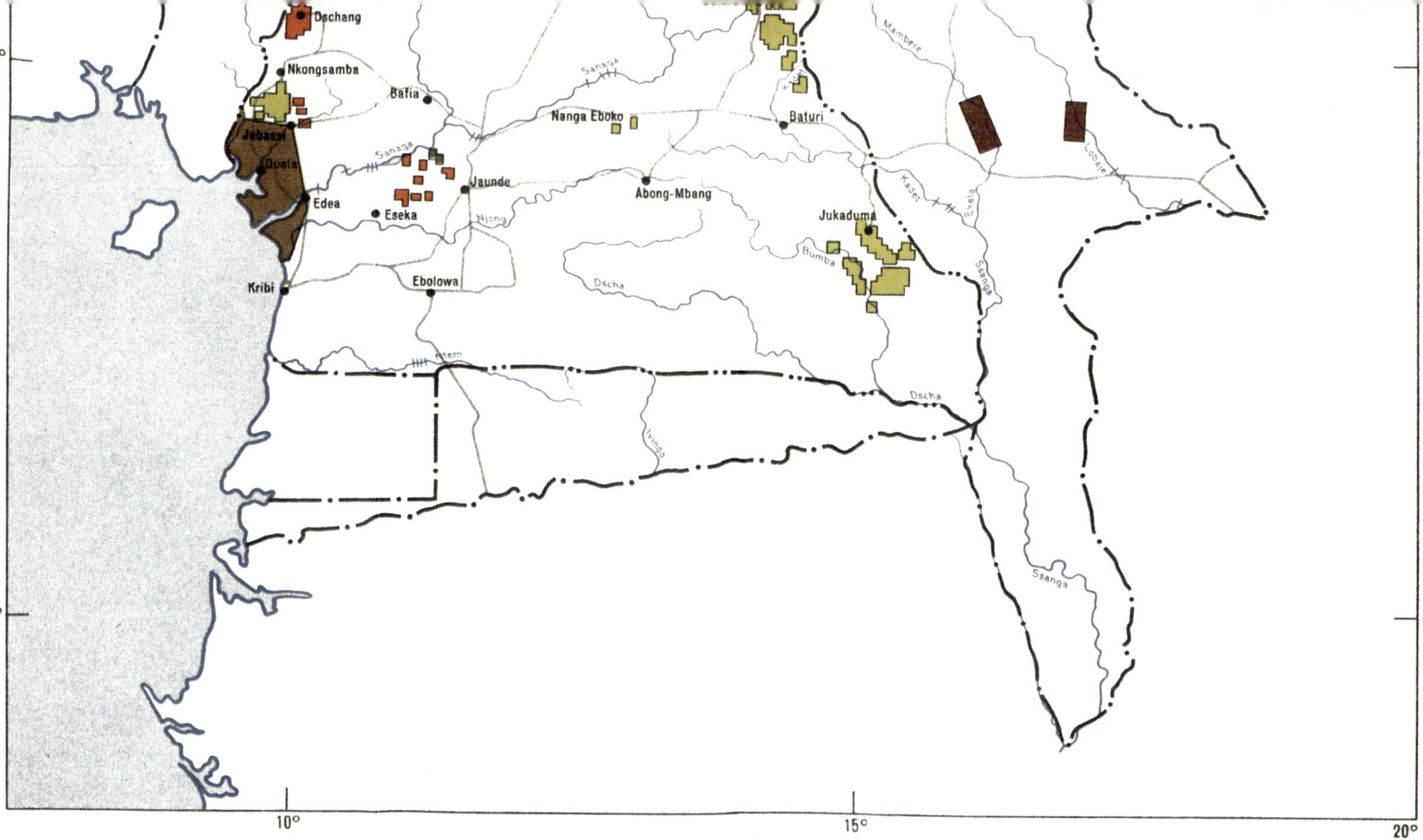

Die Konzessionsgebiete Kameruns

„Deko XI zu Bürg, Minerallagerstätten Kamerun und Togo".
Hergestellt im Reichsamt für Landesaufnahme, Berlin 1942.
Verlag Walter de Gruyter, Berlin W 35.

beider Metalle voneinander getrennt. Die Goldvorkommen zeigen in ihrer Gesamtheit und in großen Zügen eine etwa NW—SO bzw. NNW—SSO, demnach erythreisch streichende Anordnung und entsprechen somit der Richtung der älteren tektonischen Anlage. Die Zinnvorkommen zeigen dagegen in ihrer Gesamtheit ein deutlich NO—SW, demnach somalisch gerichtetes Streichen und verlaufen damit parallel zu der hauptsächlich erst in Jung-Algonkium sich bemerkbar machenden jüngeren Tektonik. Es liegt nahe, zwischen der Entstehung beider Metallvorkommen einen Altersunterschied anzunehmen. Diese Annahme wird durch verschiedene Faktoren unterstützt. Der augenfälligste ist die schon erwähnte, ein verschiedenes Alter besitzende Streichrichtung. Ein weiterer Faktor ist die verschiedene Differentiation des Magmas in beiden Gebieten. Es konnte bereits gezeigt werden, daß im Goldgebiet das Hauptdifferentiationsstadium mit der Intrusion der Biotitgranite abgeschlossen wurde, wobei basische Granite noch eine große Rolle spielen. Man könnte sich nun vorstellen, daß im Zinngebiet durch die weiter anhaltenden oder neueinsetzenden, NO—SW gerichteten tektonischen Vorgänge dem granitischen Magma eine weiter wirkende Differentiation ermöglicht wurde und es sich dabei immer mehr an Alkalien sättigte. Es liegt damit ein analoger Vorgang vor, wie dies auch bei der Vererzung Deutsch-Südwestafrikas der Fall war; d. h das Gold und das Kupfer sind an die Nachschübe des Kalkalkalimagmas gebunden, wogegen die Zinnpegmatite als Ausstrahlungen der Alkaligranite zu betrachten sind. Sie haben sich dementsprechend nur dort bilden können, wo die Differentiation des Magmas nicht zu frühzeitig unterbrochen bzw. durch betontere tektonische Vorgänge neu belebt wurde.

Jedoch zeigen nicht nur die Gold- und Kupferlagerstätten einerseits und die Zinnlagerstätten andererseits dieses gesetzmäßige Verhalten, sondern — soweit dies sich heute schon beurteilen läßt — auch die übrigen Metalle.

Der Wolframit, der ja an die salischen Pegmatite gebunden ist, tritt auch in Kamerun regional mit den Zinnvorkommen auf. Er erscheint aber nur am „Ende" der Zinnzone und ist auch magmatisch insofern an eine „Endphase" gebunden, als er entweder in der sehr quarzreichen Phase der Alkaligranite oder erst mit den Quarzporphyren auftritt, die sich wahrscheinlich zeitlich kaum von den Graniten trennen lassen. Er ist demnach ein typischer Begleiter der Zinngranite, erscheint aber erst im Endstadium der Differentiation. Vielleicht kann man in der Tatsache, daß die Wolframitgänge von Gutschumi bei Garua den Wolframit anscheinend nur in den tieferen Lagen, in den höheren dagegen Muskovit führen, ebenfalls einen Hinweis für das verschiedene Verhalten des Wolframits und des Zinns erblicken. Im vorliegenden Falle könnte man annehmen, daß das Zinn eher leichtflüchtige Verbindungen eingeht wie das Wolfram, wodurch letzteres länger im Magma zurückgehalten wird.

Bisher ist nur ein einziger Molybdänfundpunkt bekannt. Er bildet zusammen mit den Zinnsteinvorkommen von Betare Oja den westlichen Rand der Gold-Kupfer-Zone, der als Übergangsgebiet zur Zinnzone betrachtet werden könnte. Der Molybdänglanz meidet den Zinnstein und den Muskovit, gehört demnach auch hier ausgesprochen zu den femischen Pegmatiten.

Eine Ausnahmestellung nehmen die Rutilvorkommen ein. Sie sind viel älter als das Zinn und Gold und schon im Archaikum entstanden, in dessen Paragneisen der Rutil reichlich vertreten ist. Für ihr verschiedenes Alter spricht auch ihre NW—SO streichende Anordnung, die parallel zu derjenigen der Goldzone verläuft, demnach eine ganz alte Anlage besitzen muß. In der Zone dieser Titanvorkommen liegen auch Anzeichen von Gold- und Kupferfunden, so daß auch hier wiederum die regionale Gebundenheit der femischen Pegmatite zum Ausdruck kommt.

Mangels Sedimenten ist die Altersbestimmung der Granite in Kamerun nur nach unten hin möglich. Da die nicht oder nur zum Teil metamorphosierten Granite sowohl das Archaikum als auch die jungalgonkischen Schichten durchdrangen, ist sicherlich ein großer Teil von ihnen mindestens jungalgonkisch. Betrachtet man aber den Differentiationsverlauf des Magmas und damit die Vererzung, so ist man doch geneigt, mindestens drei große Differentiationszyklen entsprechend den drei großen Faltungsphasen bis zum Jung-Algonkium anzunehmen. Der erste Differentiationszyklus stand mit der ersten Faltung im Archaikum in Verbindung. Da die erste Metamorphose wahrscheinlich zwischen Archaikum und Algonkium bzw. zwischen Alt- und Jung-Algonkium stattgefunden hat, wäre es möglich, daß jetzt schon die Intrusion jener Granite begann, die im Archaikum stecken, und damit gleichzeitig die Gold- und Kupferlagerstätten entstanden. Als das Endstadium dieses zweiten Differentiationszyklus könnte man die Glimmerlagerstätten betrachten, die noch eine ausgesprochene nordwestliche Anordnung erkennen lassen und demnach tektonisch sehr gut von dem erst nach dem Jung-Algonkium einsetzenden dritten Differentiationszyklus zu trennen sind, der entsprechend der generellen Differentiation des Magmas mit der Förderung von Alkalimagmen begann und Zinnerzlagerstätten entstehen ließ. Es wäre möglich, daß dieser

Differentiationszyklus ziemlich jung ist und kontinuierlich zu den Alkaliintrusionen der Kreide und zu der nunmehr einsetzenden vulkanischen Tätigkeit hinüberleitet. Als Bindeglied und Ausklang im Bereich der Vererzung könnten die wolframitführenden Quarzporphyre in Nord-Kamerun betrachtet werden.

Spezieller Teil: Die Minerallagerstätten

A. Alt-Kamerun

I. Forschungsgeschichte und Geschichte des Bergbaues

Die ersten Niederlassungen der europäischen Kontinentalmächte Portugal, Holland, England, Spanien und Frankreich an der westafrikanischen Küste benutzten die hier geschaffenen Stützpunkte nur zum Sklavenhandel oder zur Schiffahrt nach Indien. Zu diesen Zwecken war die Küste Kameruns wegen ihrer Lage in der innersten Ecke der Ausbuchtung, die die afrikanische Westküste bildet, wenig geeignet. Durch die Unterbindung des Sklavenhandels im 18. Jahrhundert und durch die spätere Ablenkung des asiatischen Verkehrs durch den Suezkanal kam es zur teilweisen Aufgabe der europäischen Niederlassungen an der westafrikanischen Küste. Diesen kam erst in den 80er Jahren des 19. Jahrhunderts eine neue Bedeutung zu, als der Güterverbrauch und die Güterbewegung aus allen Teilen der Erde nach den Handelszentren in Mitteleuropa sich gewaltig steigerten. Nunmehr trat auch Deutschland als Bewerber auf die Bildfläche. Schon vor der Besitzergreifung Kameruns durch das Deutsche Reich gründete im Jahre 1862 die Hamburger Firma Woermann in Französisch-Gabun eine Handelsniederlassung, und in den nächsten Jahren entstanden weitere Niederlassungen in Lagos und Akkra, 1868 auch in Duala. Die verschiedenen Eingaben der Handelsinteressenten, die noch freien Gebiete an der westafrikanischen Küste zu besetzen, hatten erst im Jahre 1884 Erfolg. Am 14. Juli 1884 hißte Nachtigal in Duala die deutsche Flagge. Einen Tag vorher geschah das gleiche in Lome (Togo). England erhob Einspruch, doch kam es bald zu einer Einigung zwischen Deutschland einerseits und England und Frankreich andererseits.

Die erste Expedition in das Innere Kameruns führte durch die Sahara ins Tschadsee-Gebiet. Erst später gelang es, auch von der Küste aus immer tiefer in das Landesinnere vorzustoßen. Es begann nunmehr ein Wettlauf mit den übrigen kolonialen Mächten. In den

Jahren 1893 und 1894 kam es schließlich zu Verträgen mit England und Frankreich, in denen die deutsch-englische bzw. die deutsch-französische Grenze festgelegt wurde, und damit zur Anerkennung des Kameruner Hinterlandes als deutsches Schutzgebiet von annähernd der Größe des alten Reiches. Die innere Befriedung war aber damit noch nicht erreicht. Noch im Jahre 1910 mußte Dominik die Maka am Njong und Dacha bekämpfen, ehe sie endgültig unterworfen waren. Im Jahre 1911 erfuhr Kamerun durch ein Abkommen mit Frankreich im Süden und Osten gegen Abtretung des Dreieckes zwischen Logone und Schari und gegen die im Marokko-Abkommen enthaltenen Zugeständnisse eine Vergrößerung ungefähr um die Hälfte seiner Fläche.

Die geologische Forschungsgeschichte beginnt mit einer Reise von Lenz, der 1874 an der Küste von Kamerun die Kreide feststellte. Im Jahre 1886 berichtete Weißenborn über die geologischen Ergebnisse der Batanga-Expedition. Die ersten Nachrichten über fossilführende Sedimente aus dem Rio del Rey-Gebiet stammen von dem Schweden Dusen aus dem Jahre 1891/92. Passarge weilte 1893/94 in Adamaua und Esch 1897 am Kamerunberg und im Küstengebiet zwischen Mungo und Wuri. Edlinger betätigte sich 1902/03 in Adamaua. Sehr umfangreich waren sodann die Forschungen Guillemains, der in den Jahren 1905—1907 große Teile des Innern bereiste. 1908 arbeiteten Hassert und Thorbecke in Kamerun, und 1908 bis 1914 lernte Mann als Regierungsgeologe nach und nach viele Teile des Landes kennen.

Durch den Weltkrieg wurden die noch in den Anfängen stehenden Untersuchungen unterbrochen und ruhten ein ganzes Jahrzehnt; denn die Franzosen begannen sich offiziell erst 1924 für die Geologie und die Bodenschätze dieser unserer Kolonie zu interessieren. Die geologischen Untersuchungen wurden hauptsächlich von Alvarez, Foucher, Haugou, Koretzky, Levy, Valet und Vidal durchgeführt. Im Jahre 1928 begann auch die Minenindustrie auf die Bodenschätze Kameruns aufmerksam zu werden, und man ließ zunächst die Zinnvorkommen in der Gegend von Banjo untersuchen. Im Jahre 1929 war die Schaffung des Minendienstes (Service des Mines) praktisch realisiert. Die Hauptaufgabe des Minendienstes war die Untersuchung und Begutachtung der Mineralvorkommen und vor allem die Durchführung von geologischen Routenaufnahmen, die die Unterlage zur Anfertigung einer geologischen Karte Kameruns liefern sollten. Die erste Karte erschien 1931. Sie basierte auf den Arbeiten von Haugou, Valet, Vidal, Levy, Alvarez, Koretzky und Buisson.

Abb. 5

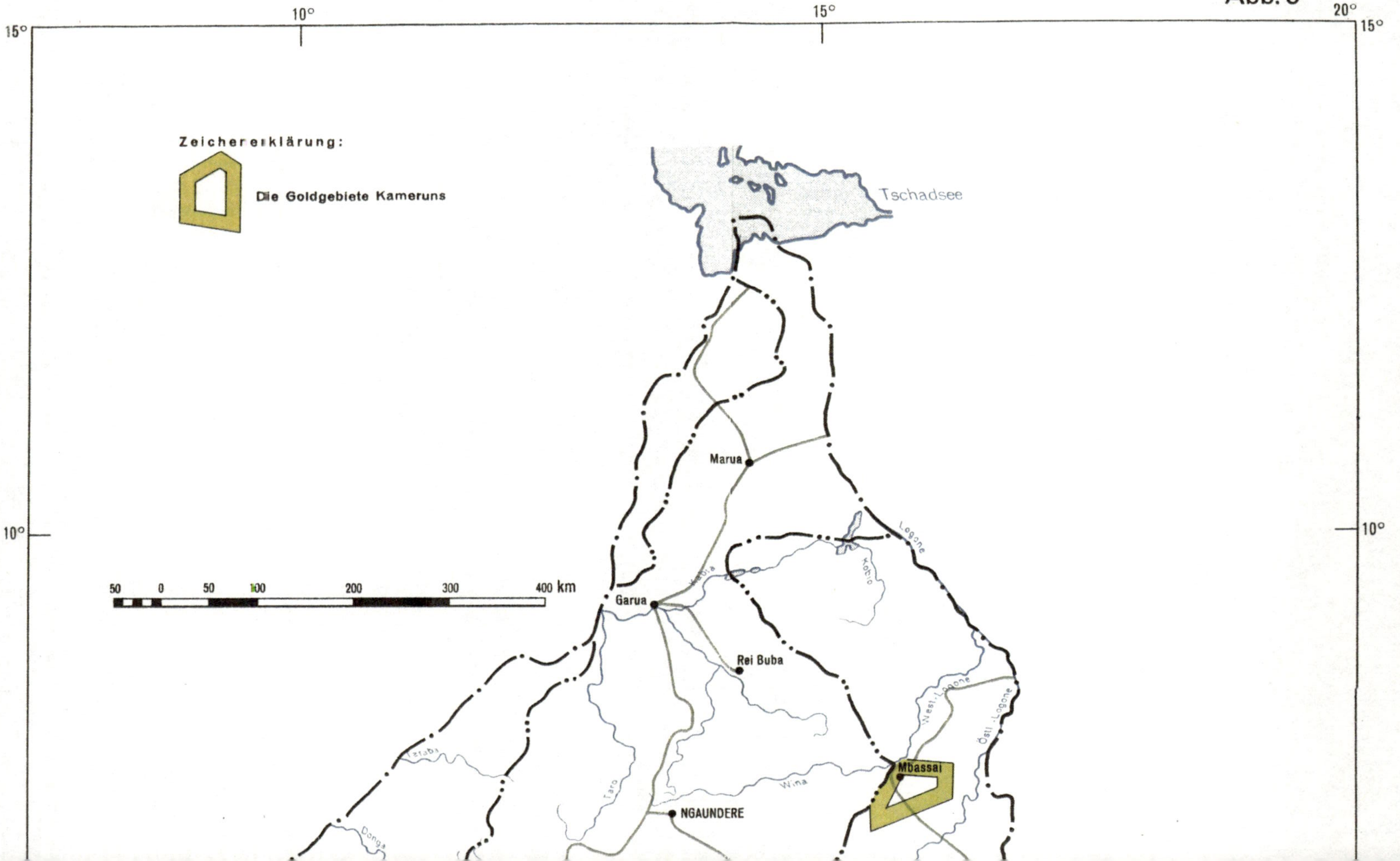
10°
15°
20°
15°
10°
Zeichenerklärung:
Die Goldgebiete Kameruns
Tschadsee
Marua
Garua
Rei Buba
NGAUNDERE
Mbassai
Logone
Kobio
Benue
West.-Logone
Östl.-Logone
Wina
Faro
Taraba
Donga
50
0
50
100
200
300
400 km

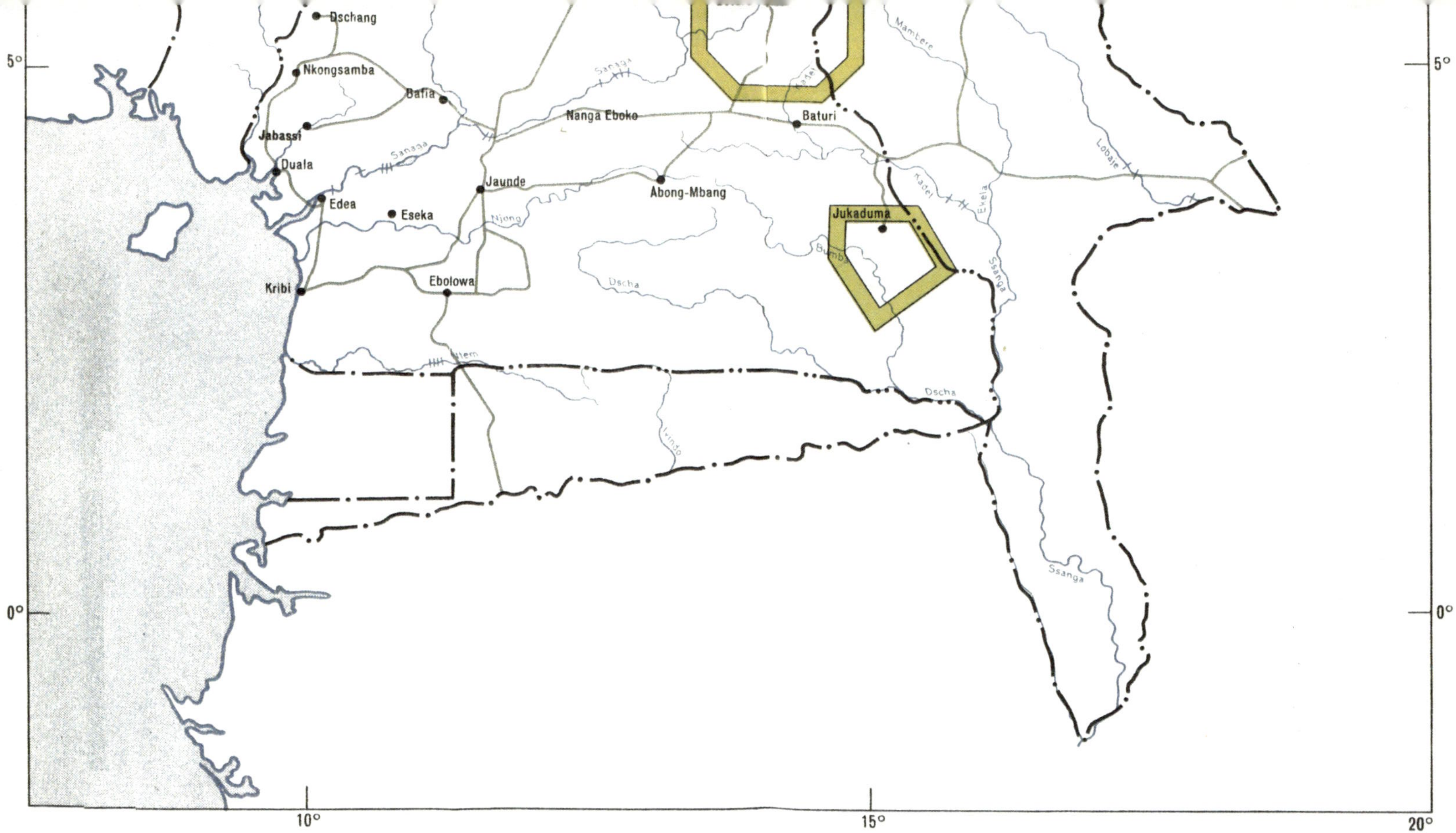

Die Goldgebiete Kameruns

„Deko XI zu Bürg, Minerallagerstätten Kamerun und Togo".
Hergestellt im Reichsamt für Landesaufnahme, Berlin 1942.
Verlag Walter de Gruyter, Berlin W 35.

Nach weiteren 4 Jahren, 1935, war die geologische Karte Nr. 2 fertig, wogegen die geologische Karte Nr. 3 zwar 1940 zusammengestellt, aber noch nicht veröffentlicht werden konnte.

Über die Mineralführung der Kolonie war man seit langem unterrichtet, und man hatte mittels eingehender, trotz erheblicher Verkehrs- und Klimaschwierigkeiten ausgeführter Durchforschungen des Landes schon unter der deutschen Herrschaft eine ganze Anzahl abbauwürdiger Lagerstätten festgestellt. Außer Schürfarbeiten und den Erdölbohrungen an der Küste war jedoch bis zum ersten Weltkrieg kein Bergbau ins Leben gerufen worden.

Trotzdem fehlte es nicht an gelegentlichen Versuchen, auch in Kamerun einen Bergbau zu eröffnen. Die Metallgesellschaft A.-G. Frankfurt am Main gründete schon 1904 zwecks gemeinsamer Forschungsarbeiten bei Gaschaka in West-Kamerun in einem Gebiet von 1000 englichen Quadratmeilen zusammen mit der North Nigeria Company Limited, London, dem Goran River Tin Syndicate, London, und mit dem Hamburger Schürfsyndikat die Kamerun Mining Co. Ltd., London. Das Gründungskapital betrug 15600 £, wobei das deutsche Kapital mit 12000 £ das Übergewicht besaß. Das Barkapital betrug 6400 £ und wurde von der Metallbank bereitgestellt. Die Gemeinschaftsarbeit wurde sofort aufgenommen, doch waren die North Nigeria Co. und das Goran Syndicate hauptsächlich darauf bedacht gewesen, in Kamerun für sich selbst neue Gebiete zu untersuchen und zu erwerben. So mußte sich die vornehmlich deutsche Kamerun Mining Co. entschließen, ihrerseits eine Kontrollorganisation zu schaffen und eine Expedition unter der Führung des Bergingenieurs von Steinäcker auszurüsten. Dieser konnte an Ort und Stelle feststellen, daß die North Nigeria Co. bis dahin insgesamt 110 Schürffelder belegt hatte. Steinäcker hielt sich 5 Wochen in dem Untersuchungsgebiet auf und kam zu folgenden Feststellungen:

1. Gold ist nur in ganz geringen Mengen in den aussichtsreichsten Teilen der Schürffelder vorhanden.

2. Die alluvialen Goldvorkommen am Serti, Njum und Kam sind wegen ihrer ungünstigen Ablagerungsverhältnisse nicht abbauwürdig.

Steinäcker verließ dann, ohne seine eigentliche Aufgabe erfüllt zu haben, das Gebiet; die Mittel der Gesellschaft waren inzwischen stark zusammengeschrumpft und man glaubte nicht, die Fortsetzung des Vertrages mit der North Nigeria Co. einhalten zu können. So verblieb das ganze Gebiet der North Nigeria Co. Die Kamerun Mining Co. Ltd. ist im Jahre 1924, nachdem das Barkapital aufgebraucht war, in Liquidation getreten.

Die Kamerun-Bergwerks-Gesellschaft wurde gegründet, als im Jahre 1904 die ersten Nachrichten über Erdölfunde auftauchten. Man schickte eine Bohrkolonne nach Kamerun, die bei Logobaba bei Duala drei Bohrungen, darunter eine Bohrung auf 800 m Tiefe, niederbrachte, die aber dann wegen unüberwindlicher Betriebsstörungen eingestellt werden mußten.

Wie bereits erwähnt, hat der Bergbau im französischen Mandatsteil Kameruns erst in den letzten Jahren eine steigende Bedeutung gewonnen. Es wurden innerhalb kurzer Zeit folgende Gesellschaften gegründet:

1. Compagnie Equatoriale des Mines;
2. Compagnie Minière de l'Oubanghi Oriental;
3. Compagnie des Mines Africaines;
4. Société d'Exploitation Minière Dard et Merlin;
5. Société Minière Coloniale „Colomines";
6. Société Minière Pargny-Carmagnac;
7. Société d'Exploitation Minière Tricou-Loretan;
8. Société Méditerranéenne Minière, Métallourgique et Commerciale;
9. Société Nationale du Cameroun.

Hinzu kamen noch die Privatbetriebe von M. Fischer, Schuller-Goutier, Doulliac, Saubatte, Perolle, Sieredey, Michel, Conus, Ollivier u. a.

Die Gründung und die Entwicklung der einzelnen Gesellschaften wird bei den jeweiligen Vorkommen besprochen.

II. Die Goldlagerstätten

Schon vor dem ersten Weltkriege war es bekannt, daß verschiedene Flüsse Kameruns Seifengold führen. Mehrere Untersuchungen wurden angestellt. Sie beschränkten sich jedoch fast ausnahmslos auf die qualitative Feststellung des Goldes. Bereits 1892 tauchten Gerüchte über ein Goldvorkommen im Schutzgebiete auf, die von Angestellten der Firma Woermann u. Co. ausgegangen waren. Wenn diese auch nur Glimmer sahen, so ergaben die Untersuchungen in Hamburg doch, daß die Proben auch Spuren von Gold enthielten. Die Firma Woermann u. Co. verlangte daraufhin das Schurfrecht. Damit trat an die Reichsregierung die Frage einer gesetzgeberischen Regelung des Bergwesens heran, und noch am Ende desselben Jahres erschien eine Verordnung betreffend des Schürfens im Schutzgebiete vom 28. November 1892. Man hatte sich darauf beschränkt, Bestimmungen über das

Schürfen zu treffen, die übrigens im wesentlichen gleichlautend mit den betreffenden Paragraphen der Bergordnung für Deutsch-Südwestafrika waren. Dagegen ist davon Abstand genommen worden, Rechtsnormen zu erlassen, welche die Rechte des Finders und Eigentümers, die Gewinnung der Mineralien usw. betrafen, weil nicht genügend Erfahrungen vorlagen, um sie als Grundlage einer Gesetzgebung verwerten zu können. Schon im nächsten Jahre veranlaßten die Schürfungen der Firma Woermann u. Co. die Entsendung eines wissenschaftlichen Sachverständigen. Es war der Bezirksgeologe Knochenhauer, der Schürfungen im Gebiete des Aboflusses, in der Gegend von Miang und Mangamba und am unteren und mittleren Sanaga, besonders bei Ediä, ferner am Njongfluß, in der Umgebung des höheren Wasserfalls und bei Ebea am Lokundje, südlich von Njong bis nach Londje nördlich von Kribi durchführte. Die Ergebnisse waren überall recht mager. Später entsandte die englische Niger Co. Ltd. zwei Expeditionen nach dem angrenzenden Kameruner Gebiet. Diese sollten die Verfolgung der zinnhaltigen Formationen über die Grenze Kameruns aufnehmen. Indessen fand man hier keine Zinnlagerstätten. Die eine der Expeditionen entdeckte aber im Schari-Gebiet im Tapare, einem Nebenfluß des Faro, Alluvialgold und belegte eine Reihe von Schurffeldern, worauf der ganze Distrikt vom Gouverneur für Schürfungen auf Gold gesperrt wurde. Eine deutsche Expedition konnte etwas später mit Genehmigung des Gouverneurs noch eine Anzahl Felder an die englischen angrenzend belegen. Vor dem ersten Weltkriege war auch ein Vorkommen in der Gegend von Namchis südlich Garua bekannt. Ferner stellte man Seifengold am Wuri, Sanaga und Gaschaka fest.

In der Nähe des Massivs von Namchis fand man in verschiedenen Flüssen Alluvialgold. Aus den Alluvionen des Majo Jele nordöstlich von Poli wurde es vor 1918 zeitweilig in kleinem Maßstabe und nur mit der Waschschüssel gewonnen. Es ist nicht bekannt, weshalb diese Abbauversuche wieder aufgegeben wurden. Anscheinend gestaltete die große Mächtigkeit (7—14 m) der tauben Deckschicht die Arbeiten unrentabel. Es muß vermerkt werden, daß derartige Arbeiten nur an einem Punkte nahe des Dorfes Hotere vorgenommen wurden und man es unterlassen hatte, günstigere Stellen, die später durch die Prospektierung der französischen Geologen festgestellt wurden, zu suchen.

Gold fand man in Spuren ferner in dem Majo Alim und Majo Sole. Da diese Flüsse gleichfalls dem Namchisgebirge entstammen, nimmt Haugou an, daß die goldführende Zone westlich des Benue aufhört. Goldführend ist ferner der Majo Badjume, der in der Gegend von Ju-Kangu nordwestlich Betare Oja entspringt. Das Bett dieses Flusses wird von einem Amphibolgranit eingenommen, der stark vergneist ist. Viele Quarztrümmer durchschneiden den Gneis. Die Goldführung dieses Flusses dehnt sich auf ziemlich weite Strecken aus. Das Kangu-Massiv selbst besteht aus einem stark zersetzten Granit. Im Zentrum des Massives fand man verschiedene Quarzgänge, von denen der bedeutendste Spuren von Malachit aufwies. Alte Arbeiten erlauben jedoch den Schluß, daß es sich hierbei nur um ein unbedeutendes Vorkommen handeln kann.

Zwischen Kotoschola und Laro südwestlich Garua sind die jüngeren Granite viel zahlreicher als die Orthogneise. Es sind Biotit-Granite, die häufig Inseln von Hornblende führenden Graniten umschließen. Schöne Granaten und ansehnliche Spuren von Gold fand man in den Alluvionen des Mao Lulugu, gleichfalls südwestlich Garua.

Goldhaltige Konglomerate und Sande kommen in der Umgebung von Rei Buba vor. Die Umgebung von Rei Buba baut sich aus großen Sandflächen auf, die nur streckenweise von Sandsteinen unterbrochen werden. Entlang des Majo Beulpue findet man die oben erwähnten goldhaltigen Ablagerungen. Sie ruhen auf kristallinen Schiefern. Das Gold ist sehr wenig abgerollt.

Die goldführende Zone Ostkameruns wurde erst im Jahre 1933 durch den amtlichen Minendienst entdeckt. Diese Zone erstreckt sich im Osten Kameruns zwischen den Breitegraden 4° 30′ und 6° 30′ Nord und den Längegraden 13° 30′ und 15° Ost. Sie umfaßt die Distrikte Betare Oja und den NNO-Teil von Meiganga. Sein SSO-Teil reicht bis in den Distrikt von Baturi hinein. Hier wurde im Jahre 1933 das erste Gold in größeren Mengen gemeldet.

Um die Aufmerksamkeit der Prospektoren, Privatpersonen und Gesellschaften auf dieses Gebiet zu lenken, belegte der Minendienst im Namen der Regierung 5 Schurfgerechtsame. Es setzte nunmehr eine lebhafte Schürftätigkeit ein, und im Jahre 1938 waren bereits über 500 Schürffelder abgesteckt, von denen über 50 in Abbaugerechtsame umgewandelt waren. Im Laufe der Zeit entwickelten sich vor allem die Minenzentren Betare Oja und Meiganga (Abb. 5).

Ausgedehntere Goldalluvionen fand man ferner in der Gegend von Jukaduma. Die Gehalte scheinen hier allerdings im allgemeinen zu schwach zu sein, denn die Prospektoren wandten sich nach der Entdeckung der Vorkommen von Betare Oja und Meiganga diesen Gebieten zu. Hinzu kommt noch, daß das Gebiet um Jukaduma sehr bewaldet ist und Arbeiter nur schwer zu haben sind.

Gold wurde vom Minendienst auch in der Gegend von Djerem festgestellt.

Zwischen Betare Oja und Tibati wurden vom Minendienst folgende Flüsse auf Gold untersucht und nennenswerte Goldspuren gefunden:

Ein Fluß zwischen Bogira und Kombo,
der Beson- und Dambrefluß zwischen Bagode und Bakale,
der Kiboko- und Koidafluß zwischen Dankali und Djaorobasa,
der Danagatojo-, Jando- und Bibolfluß zwischen Djaorobasa und Bakao,
ein Fluß zwischen Bakao und Tibati.

Außerdem wurde durch den Minendienst 1937 Gold noch in folgenden Flüssen nachgewiesen:

Im Majo Alim 120 km von Ngaundere (schwache Gehalte),
in einem Nebenflüßchen des Niava, etwa 25 km nördlich des Majo Darle, wo sich die Zinnabbaue befinden. Man hat hier Gehalte von 0,3—0,5 g/cbm festgestellt, doch scheinen die Ablagerungen zu wenig mächtig zu sein (0,2—0,3 m),
bei Poli im Majo Tere,
bei Banjo mit Zinnstein vergesellschaftet. Es handelt sich anscheinend um gute Gehalte, aber um noch wenig untersuchte Alluvionen,
im Sanaga in der Umgebung von Edea,
bei Rei-Buba fand man gute Gehalte, doch herrschen hier schwierige Abbauverhältnisse vor, da einen Teil des Jahres über kein Wasser zur Verfügung steht,
bei Lomie fand man südwestlich von dieser Ortschaft Gold in den Zuflüssen des Dscha,
am Rande von Spanisch-Guinea kommt Gold in den Alluvionen der Gegend von Dipikar bei Kampo vor,
bei Galim führt der Majo Duru gute Goldgehalte.

Goldführend sind schließlich auch die Flüsse, die in den Pangar münden.

Im englischen Mandatsgebiet fehlte es gleichfalls nicht an Prospektierungen auf Gold. Das „Cameroons Alluvial Goldsyndicate" begann bei Tserti im Gaschaka-Distrikt mit größer angelegten Prospektierungsarbeiten. Die Untersuchungen hatten aber durch Hochwasser so gelitten, daß sie wieder aufgegeben werden mußten. Eine

Prospektionskonzession wurde ferner im Gevoza-Distrikt erteilt. Das Syndikat stellte jedoch seine Arbeiten im Jahre 1938 wieder ganz ein. Ergebnislos blieben auch die Prospektionsarbeiten im Dikoa-Distrikt.

1. Die geologischen und lagerstättenkundlichen Verhältnisse

Die bisher abbauwürdigen und gut untersuchten Goldlagerstätten befinden sich fast ausnahmslos entlang von Flußläufen, bilden demnach Goldseifen. Funde von primären Lagerstätten wurden häufig gemeldet, doch handelte es sich stets nur um bergbaulich uninteressante Vorkommen. In Südkamerun fand man unweit der Nordgrenze der Lubilasch-Schichten auf weite Strecken hin durch Gebirgsdruck stark verformte und lateritisch zersetzte alte Schiefer, in denen massenhaft eingesprengt goldhaltiger Schwefelkies auftritt. Sie wurden näher untersucht, haben sich aber vorläufig als nicht abbauwürdig erwiesen. Die Goldführung der Nebenflüsse des Sanaga soll auf diese Vorkommen zurückzuführen sein. In der Nähe treten jüngere Granitstöcke in Erscheinung.

Auch in manchen Glimmerschiefern hat man Goldgehalte von 4—20 g/t festgestellt.

Am verbreitetsten findet sich das Gold in einem Netzwerk von Quarzgängen, die eine Schichtenfolge von algonkischen (?) Tonschiefern und Sandsteinen durchsetzen. Sie sind 5—8 cm mächtig, scheinen mit Tiefengesteinen (basischere Granite, die stellenweise in Gneise umgewandelt sind) im Zusammenhang zu stehen und kommen unmittelbar in der Nähe dieser Granite im Schiefer vor. Ihre Bauwürdigkeit steht noch nicht fest. Bisher konnte man Goldgehalte von 2—6 g/t im Durchschnitt feststellen.

Bei Betare Oja wurden auf dem Abbaufeld Guingué zwei Proben von je 100 t eines Erzes, das von einem Quarzgang stammt, untersucht. Die Analysen ergaben 13 bzw. 14 g Au/t. Analysen zweier Proben eines Quarzganges von dem Abbaufeld Moé ergaben 5 bzw. 6 g Au/t.

Somit kann man bis jetzt in Kamerun drei Typen von Goldlagerstätten unterscheiden:

a) Gangzonen mit vielen kleinen und schmalen Quarzgängen. Sie stehen mit basischeren Graniten oder mit Granuliten in Verbindung, die von zahlreichen Pegmatiten begleitet werden. Ihre Abbauwürdigkeit ist fraglich.

b) Verstreute Imprägnationen mit goldhaltigen Pyriten im Glimmerschiefersockel. Sie erscheinen an verschiedenen Stellen, hauptsächlich aber südlich Lomie, in der Gegend der Grenze mit Gabun. Sie sind nicht bauwürdig.

c) Goldalluvionen hauptsächlich nördlich von Baturi. Das Gold findet sich in Alluvionen konzentriert, die entweder auf einem metamorphen Schiefer oder aber direkt auf dem Granit ruhen. Nur hier wird vorläufig Gold gewonnen.

Das Alter der primären Goldlagerstätten kann als algonkisch bis postalgonkisch angenommen werden, da die algonkischen quarzitischen Sandsteine und schwarzen Graphitschiefer auch von Gold führenden Trümern durchsetzt werden. Sie stehen hier, wie bereits erwähnt, mit den basischeren Phasen der jungalgonkischen Granite in Verbindung. Man findet in den Goldgebieten aber auch Granite vor, die am Rande vergneist, also vermutlich älter sind (sogenannte Granulite der französischen Autoren), ferner Gabbrostöcke, die jünger sind als diese, und saure, nicht gepreßte jüngere Granite, mit denen anscheinend zinnführende Pegmatite in Verbindung stehen. Exakte Beobachtungen fehlen allerdings noch in dieser Richtung, und oft widersprechen sich die Angaben der einzelnen Autoren.

2. Die bergbaulichen Verhältnisse

Die Bauwürdigkeit von Lagerstätten muß in den Tropengebieten anders beurteilt werden als im gemäßigten Klima. Das feuchte, warme Tropenklima bedingt eine rasche Abnutzung der Maschinen, Gebäude und vor allem der europäischen Angestellten, die daher stets teuer bezahlt werden müssen. Ferner sind die Tropenländer meist wenig dicht besiedelt, so daß die Beschaffung der farbigen Arbeiter oft auf große Schwierigkeiten stößt. Ein Haupthinderungsgrund ist aber das Fehlen von Eisenbahnen und Schiffahrtsstraßen, das die Anlieferung von Maschinen, Betriebsmaterialien und Lebensmitteln sowie den Abtransport der gewonnenen mineralischen Produkte sehr verteuert. So kommt es, daß in verkehrstechnisch ungünstig gelegenen Gegenden nur reiche Lagerstätten und nur solche mineralischen Rohstoffe, die hochwertige Kenzentrate liefern, abgebaut werden können. Die große Zahl dieser, den Bergbau ungünstig beeinflussenden Faktoren, von denen vielfach alle gleichzeitig in Kamerun auftreten, tragen die Hauptschuld daran, daß sich der Bergbau hier erst sehr spät entwickelt hat.

Sobald sich aber einmal die ersten kleinen Bergbauzentren gebildet hatten, nahm der Goldbergbau in den folgenden Jahren eine rasche, wenn auch in seiner Gesamtheit stets bescheiden bleibende Entwicklung. Im Jahre 1938 konnten zu den schon bestehenden zahlreichen Schurffeldern (über 500 allein auf Gold) 663 neue Schurffeldscheine vergeben werden, die sich folgendermaßen verteilen:

Bezirk	Zahl der Schurfscheine	Art des Erzes
Adamaua	329	Zinn-Gold
Lom und Kadei ...	300	Gold
Sanaga maritime ..	19	Rutil
Njong und Sanaga.	5	Rutil
Benue	7	Gold
Mungo	3	Rutil
	663	

Abbaurechte wurden in der gleichen Zeit 70 verliehen. Sie verteilen sich wie folgt (s. Tafel III):

Bezirk	Zahl der Abbaurechte	Art des Erzes
Adamaua	15	Zinn-Gold
Lom und Kadei ...	47	Gold
Benue	8	Wolfram
	70	

Am 1. September 1939 bedeckte das Gebiet der vorhandenen Schurfscheine und Abbaurechte eine Fläche von rund 4500 qkm. Hinzu kommt noch ein Gebiet von 5000 qkm, für das die Compagnie Minière de l'Oubanghi Oriental das allgemeine Schurfrecht zugesprochen bekam.

Bisher existieren 24 Abbauzentren, die sich folgendermaßen auf die verschiedenen Abbaugesellschaften verteilen:

Compagnie Equatoriale des Mines	5 Zentren
Compagnie des Mines Africaines	4 ,,
Compagnie Minière de l'Oubanghi Oriental	3 ,,
Société d'Exploitation Minière Dard et Merlin ...	3 ,,
Société Minière Pargny-Carmagnac......................	2 ,,
Société d'Exploitation Minière Tricou-Loretan	2 ,,
Schuller-Goutier	2 ,,
Société Minière Coloniale ,,Colomines"	1 ,,
Fischer..	1 ,,
Saubatte	1 ,,
	24 Zentren

Es wurden in diesen Abbaugebieten 1937 insgesamt 40 Europäer als Direktoren, Ingenieure, Prospektoren oder als verschiedene Spezialisten verwendet. Unter der Aufsicht dieser Weißen arbeiteten 5300 Arbeiter, von denen 3750 aus Kamerun und 1550 aus Französisch-Äquatorialafrika stammten. Die Kameruner Arbeiter rekrutierten sich hauptsächlich aus der Gegend von Baturi, Bertua, Betare-Oja, Dume und Meiganga, diejenigen aus Französisch-Äquatorialafrika aus der Gegend von Ubangi-Sschari und aus dem mittleren Kongo.

Für die rund 5000 Arbeiter waren jährlich folgende Lebensmittel notwendig und mußten oft unter schwierigen Verhältnissen herangeschafft werden:

Maniokmehl	3200 t
Sesam- oder Erdnußöl	120 t
Fleisch	320 t
Salz	40 t

Hinzu kommen noch 25 t Seife und etwa 50 t Verschiedenes, so daß man jährlich rund 3750 t Ware herbeischaffen mußte.

Die Ration der einzelnen Arbeiter ist bei den einzelnen Gesellschaften, ja nach den jeweiligen örtlichen Verhältnissen, verschieden. Im Durchschnitt kann man etwa folgende Mengen je Woche und Arbeiter annehmen:

Maniokmehl	12 kg
Fleisch	1200 g
Sesam- oder Erdnußöl	400 g
Salz	130 g
Seife	125 g

Die tägliche Lebensmittelration entsprach 1939 einem Gegenwert von 2,50 Frs. (etwa 0,15 RM). Dazu verdiente noch jeder Arbeiter 1,75 Frs. (0,11 RM) in bar. Zu diesen Summen müssen noch die Überstunden und das Feiern der nationalen und religiösen Feste hinzugerechnet werden, die auch finanziert werden müssen.

Jedes Abbauzentrum umfaßt eine Siedlung mit einem Europäer an der Spitze und etwa 300—400 eingeborenen Arbeitern, die in aus Lehm gestampften und mit Strohdächern versehenen Häusern wohnen. Jede Familie bekommt ein eigenes Haus zugewiesen, wogegen die Junggesellen zu zwei oder mehreren wohnen. Eine kleinere Arbeitsgruppe mit einem Vorarbeiter hält die Siedlung in gutem Zustande. Beim Antritt bekommt jeder Arbeiter eine Decke. In jeder Siedlung existieren zwei Krankenhäuser mit 6—8 Betten. Davon ist eines für die Administration bestimmt, das andere für die Arbeiter. Eine modern eingerichtete Apotheke enthält alle notwendigen Medikamente.

Da die meisten Gesellschaften auf verschiedenen Abbauzentren arbeiten, die oft in größerer Entfernung voneinander liegen, war es notwendig, zwischen diesen Autowege herzustellen. Auf diese Weise entstanden etwa 450 km Autostraßen, die sich folgendermaßen auf die daran beteiligten Gesellschaften verteilen:

Compagnie Equatoriale des Mines .... 180 km
Compagnie des Mines Africaines .... 70 km
Société Minière Pargny-Carmagnac........................ 58 km
Compagnie Minière de l'Oubanghi Oriental .... 55 km
Doullac .... 50 km
Société d'Exploitation Minière Tricou-Loretan .... 42 km.
Schuller .... 3 km
Fischer .... 1 km

Als Durchschnittsgehalt für das gesamte Goldgebiet kann man etwa 0,6 g Rohgold/cbm Seifenmaterial annehmen. Die mittlere Leistung je Mann und Schicht ist 0,725 cbm goldführender Schotter oder 1,25 cbm Seifenmaterial. Bis zum 1. September 1940 war eine Reserve von rund 3 Tonnen Rohgold prospektierungsmäßig nachgewiesen. Das Gold enthält etwa 910 Teile Au und 90 Teile Ag.

Die Goldproduktion und der Goldexport sind aus nachstehender Tabelle zu ersehen. Danach wurden bis zum 31. Dezember 1939 für rund 51 Millionen Frs. entsprechend über 4 Millionen RM. Gold gewonnen und exportiert.

Rohgoldproduktion und -Export Alt-Kameruns in den Jahren 1934—1939

Jahr	Produktion und Export in kg	Wert	
		in Frs.	in RM.
1934	13,8	—	—
1935	88,2	1002000	164428
1936	342,8	5620000	854802
1937	442,4	9702000	977962
1938	483,4	14862000	1065605
1939	503,4	19739000	1233557
1934—1939	1874,0	50925000	4296354

An der Goldproduktion sind die einzelnen Abbaugesellschaften mit folgenden Mengen beteiligt:

Compagnie Equatoriale des Mines .... 691,0 kg
Société d'Exploitation Minière Dard et Merlin .... 585,1 kg
Société Minière Pargny-Carmagnac........................ 152,5 kg
Compagnie Minière de l'Oubanghi-Oriental........................ 139,7 kg
Compagnie des Mines Africaines .... 56,1 kg
Société d'Exploitation Minière Tricou-Loretan .... 64,0 kg
Saubatte .... 33,0 kg
Fischer .... 16,9 kg
Société Minière Coloniale „Colomines" .... 14,6 kg
Doullac .... 13,0 kg
Schuller-Goutier .... 12,0 kg
Verschiedene .... 96,1 kg

Für die Gewinnung dieser Goldmengen wurden folgende Schichten verfahren:

1934	75000	Schichten
1935	300000	„
1936	800000	„
1937	990000	„
1938	1200000	„
1939	970000	„

Dies ergibt eine Leistung je Arbeiter und Schicht von:

1934	0,18 g	Rohgold
1935	0,29 g	„
1936	0,40 g	„
1937	0,45 g	„
1938	0,40 g	„
1939	0,50 g	„

Man kann demnach bei einem normalen Betrieb, d. h. nach Überwindung der Anlaufzeit, die jedes Bergwerksunternehmen erfordert, mit einer Leistung von 0,40 g Rohgold im Durchschnitt je Arbeiter und Schicht bei den hier angewendeten Gewinnungsmethoden rechnen. Diese bestehen in den meisten Fällen aus einfachen Handwaschbetrieben unter Verwendung von Metall- oder Holzgerinnen.

Die Gestehungskosten schwanken naturgemäß je nach Lage und Gehalt der Goldablagerungen. Sie sind aus den nachstehenden Beschreibungen der einzelnen Gesellschaften zu ersehen. Anfangs, als man nur die reicheren Partien der Alluvionen abbaute, betrugen die Unkosten etwa 30—50% des Wertes des erzeugten Goldes. Der Gewinn wurde später, als man systematischer abbaute und vor allem auch jene Partien mitgewann, in denen das Gold in sehr feiner Verteilung vorkommt, entsprechend kleiner. Es hat sich als Erfahrungsregel herausgestellt, daß kleine Gesellschaften oder Privatleute nur abbauen können, wenn der Goldgehalt höher als 1 g/cbm ist. Ebenso hat es sich erwiesen, daß Ablagerungen, die weniger als 1 m mächtig sind, auch von größeren Gesellschaften nicht rentabel abgebaut werden können.

Als einfachste und beste Abbaumethode hat sich das Waschen des Alluvialmaterials in Gerinnen erwiesen. Es werden transportable Gerinne verwendet. Wo das Gelände es erlaubt, werden Staubecken angelegt oder der Fluß wird oberhalb der Arbeitsstelle abgeleitet, um auf diese billige Weise den Transport des Waschmaterials zu bewerkstelligen.

Die speziellen Verhältnisse der einzelnen Abbauzentren sind aus der nachstehenden Beschreibung der Konzessionsgebiete der Gesellschaften zu ersehen. Ihre Lage und Verteilung in der Goldzone ist aus Tafel III zu entnehmen.

a) Compagnie Equatoriale des Mines

Diese Aktiengesellschaft wurde 1927 mit einem Kapital von 40 Millionen Frs. gegründet. Der Zweck der Gründung war die Ausbeutung von Goldvorkommen im Gebiete von Ubangi-Schari. Finanzielle Beziehungen bestehen zu der im Belgischen Kongo arbeitenden Kilo-Moto-Gesellschaft. Die Société d'Exploitation Minière de l'Oubanghi Oriental, die ein Aktienkapital von 10 Millionen Frs. besitzt, sowie die Compagnie Minière de la Haute-Volta werden von ihr kontrolliert. Außerhalb Alt-Kameruns wurde 1930 mit der Förderung begonnen. Die Gesellschaft besitzt im ganzen über 580 Schurfscheine zu je 10000 ha und beschäftigte anfangs etwa 2000 Arbeiter, die zu einem wesentlichen Teil mit Prospektionsarbeiten beschäftigt waren. Auf dem Gebiete der Gesellschaft fanden sich auch Diamanten. Zusammen mit der Compagnie Minière de l'Oubanghi Oriental wurden aus dem Ubangi-Gebiet nachstehende Goldmengen ausgeführt:

1930	63 kg	Rohgold
1931	251 kg	,,
1932	478 kg	,,
1933	807 kg	,,
1934	907 kg	,,

Die Bergbauarbeiten im Betare Oja-Gebiet wurden im März 1934 begonnen. Im Jahre 1939 besaß die Gesellschaft 106 Schurf- und 21 Abbaurechte, die eine Gesamtfläche von 1235 qkm bedecken. Im Durchschnitt wurden 10 Europäer beschäftigt, unter denen etwa 1500 Farbige arbeiteten. Diese verteilten sich Ende 1936 auf die einzelnen Abbauzentren wie folgt:

Feld	Guingué	556
,,	Bédobo	312
,,	Moé	253
,,	Kadei	483
		1604

Später kam noch ein 5. Abbauzentrum hinzu. Es wurden auf allen Abbauzentren folgende Schichten verfahren:

Jahr	Schichten	Leistung/Mann/Schicht
1934	80000	
1935	120000	
1936	450000	0,44 g Rohgold
1937	485000	0,46 g ,,
1938	375000	0,38 g ,,
1939[1])	230000	0,31 g ,,

[1]) In den ersten 6 Monaten.

Der Durchschnittsgehalt der Alluvionen betrug bis 1939 0,55 g Rohgold/cbm; die nachgewiesenen Reserven beliefen sich auf 2220000 cbm mit einem mittleren Gehalt von 0,45 g Rohgold/cbm entsprechend rund 1 t Rohgold mit einem Feinheitsgehalt von 900 bis 920.

Die Durchschnittsgehalte waren in den einzelnen Abbauzentren verschieden. Sie betrugen in den Jahren 1935 und 1936:

Auf dem Felde	Guingué	1,06 g	Rohgold/cbm	bei	einer	Produktion	von	72,0 kg
,, ,, ,,	Bédobo .	0,80 g	,,	,,	,,	,,	,,	50,7 kg
,, ,, ,,	Kadei .	0,80 g	,,	,,	,,	,,	,,	49,7 kg
,, ,, ,,	Moé....	2,40 g	,,	,,	,,	,,	,,	17,6 kg

Dies ergibt einen Durchschnittsgehalt für die Jahre 1935 und 1936 von 0,96 g Rohgold/cbm.

Die Arbeiter verdienten 1936 einschließlich verschiedener Prämien 1,80 Frs. (etwa 0,11 RM.) je Tag. Dazu kamen noch 2,50 Frs. (etwa 0,15 RM.) für die Verpflegung. Die Leistung betrug 1936 je Mann und Tag 0,8 cbm goldhaltiger Schotter oder 1,5 cbm Seifenmaterial[1]).

Die Goldproduktion und der Goldexport betrugen:

1936	197,5 kg	Rohgold
1937	236,6 kg	,,
1938	139,6 kg	,,
1939	117,3 kg	,,

Für die Verpflegung des Personals und der Arbeiterschaft besitzt die Gesellschaft eigene Pflanzungen. Der fehlende Rest an Nahrungsmitteln wird aus der Gegend von Baturi besorgt.

b) Compagnie Minière de l'Oubanghi Oriental

Diese Gesellschaft wurde im Jahre 1928 mit 10000000 Frs. als anonyme Aktiengesellschaft gegründet. Ende des Jahres 1933 konnte sie mit der ersten geringen Produktion beginnen. Bis Ende 1939 besaß sie 79 Schürf- und 17 Abbaurechte, die eine Fläche von etwa 1008 qkm bedecken. Unter der Aufsicht von zwei Europäern wurden in drei Abbauzentren folgende Schichten verfahren:

Jahr	Schichten	Leistung/Mann/Schicht
1934	30000	
1935	35000	
1936	35000	
1937	50000	0,40 g Rohgold
1938	115000	0,50 g ,,
1939	90000	0,50 g Rohgold (8 Monate)

[1]) Das Seifenmaterial bezieht sich auf die gesamte Mächtigkeit des Alluvions, unter goldhaltigem Schotter ist der goldhaltige Kies ohne Deckschicht zu verstehen.

Bis zum Jahre 1937 wurde hauptsächlich prospektiert. Die Produktion begann nunmehr zu steigen und betrug für die einzelnen Jahre:

1937 .... 8,4 kg Rohgold
1938 .... 57,8 kg „
1939 .... 73,5 kg „

Ende 1939 waren etwa 400 km Fluß- und Bachläufe untersucht. Die Untersuchungen ergaben einen mittleren Gehalt von 0,5 g Rohgold/cbm bei 600000 cbm Reserven, entsprechend einer Goldreserve von 300 kg. Der Durchschnittsgehalt der abgebauten Alluvionen schwankte zwischen 0,45 und 0,55 g Rohgold/cbm.

Die mittlere Leistung eines Arbeiters je Schicht betrug 1936 0,750 cbm goldführender Schotter oder 1,3 cbm Seifenmaterial. Er verdiente dabei 1,75 Frs. (etwa 0,11 RM.) und 2,50 Frs. (etwa 0,15 RM.) in Naturalien. Die Gesellschaft besitzt umfangreiche Pflanzungen.

c) Compagnie des Mines Africaines

Das Aktienkapital dieser anonymen Gesellschaft beträgt 500000 Frs. Sie wurde im Jahre 1929 mit dem Zwecke gegründet, in der Gegend von Banjo Untersuchungen auf den dortigen Zinnvorkommen zu unternehmen, und besaß bereits 1931 einige Titel in dieser Gegend. Im Jahre 1934 wandte sie sich auch dem Golde zu. Ende 1939 besaß die Gesellschaft in der Goldzone 39 Schurf- und 8 Abbaufelder, auf denen sie 4 Abbauzentren errichten konnte. Auf diesen wurden folgende Schichten verfahren:

Jahr	Schichten	Leistung/Mann/Schicht
1934	10000	
1935	20000	
1936	20000	
1937	22000	
1938	73000	0,38 g Rohgold
1939	100000	0,28 g Rohgold (8 Monate)

Die nachgewiesenen Reserven betrugen bis Ende 1939 150 kg Rohgold. Der mittlere Goldgehalt der abgebauten Seifen betrug 0,50 g/cbm. Die Gesellschaft begann erst 1938 mit dem Goldexport. Er betrug für dieses Jahr 27,8 kg und für die ersten 8 Monate des Jahres 1939 28,4 kg Rohgold.

Die farbigen Arbeiter verdienten 1937 1,65 Frs. (etwa 0,11 RM.) je Schicht und 2,50 Frs. (etwa 0,15 RM.) je Tag an Naturalien. Die Leistung je Mann und Schicht betrug 0,7 cbm goldführender Schotter oder 1,2 cbm Seifenmaterial.

Da die Gesellschaft keine eigenen Pflanzungen größeren Ausmaßes besitzt, mußten alle Lebensmittel aus der Gegend von Betare Oja und Bertua herangeschafft werden. Auf diese Weise kostete z. B. 1937 eine Tonne Maniokmehl an Ort und Stelle rund 1000 Frs. (62,64 RM.).

d) Société d'Exploitation Minière Dard et Merlin

Die Gesellschaft begann mit ihren Arbeiten im April 1934 und besaß Ende 1939 25 Schürf- und 8 Abbaufelder mit einem Flächeninhalt von 279 qkm. Im Laufe der Zeit entwickelten sich 3 Abbauzentren, auf denen folgende Schichten verfahren wurden:

Jahr	Schichten	Leistung/Mann/Schicht
1934	30000	0,16 g Rohgold
1935	100000	0,71 g ,,
1936	195000	0,60 g ,,
1937	235000	0,67 g ,,
1938	280000	0,43 g ,,
1939	190000	0,36 g Rohgold (8 Monate)

Die Produktion betrug im gleichen Zeitraum:

1934	4,9 kg	Rohgold
1935	71,7 kg	,,
1936	117,4 kg	,,
1937	159,2 kg	,,
1938	137,6 kg	,,
1939	94,3 kg	,,

Ende 1939 betrugen die durch Prospektion festgestellten Goldreserven für die Felder Sara und Bezeck 300 kg und für das Feld Mbal 500 kg.

Der Durchschnittsgehalt der abgebauten Alluvionen betrug 0,55 g Rohgold/cbm, die durchschnittliche Leistung eines Arbeits 0,850 cbm goldführender Schotter oder 1,6 cbm Seifenmaterial.

Die Gesellschaft errichtete Lagerräume, so daß jeweils 100 t Lebensmittel aufbewahrt werden können. Ein Autoweg von 42 km verbindet die Hauptniederlassung Bokajo mit der Route Jaunde-Bangi.

e) Société d'Exploitation Minière Tricou-Loretan

Die Gesellschaft begann ihre Arbeiten im Juli 1934 auf zwei Abbauzentren. Eine Fläche von 664 qkm bildet das Bergwerkseigentum der Gesellschaft, auf der sich 51 Schurf- und 5 Abbaufelder befinden. Seit Beginn der Arbeiten bis Ende 1939 wurden folgende Schichten verfahren:

Jahr	Schichten	Leistung/Mann/Schicht
1934	6000	
1935	10000	
1936	25000	0,04 g Rohgold
1937	34000	0,30 g ,,
1938	70000	0,35 g ,,
1939	70000	0,28 g Rohgold (8 Monate)

Der Goldexport bzw. die Goldproduktion war im gleichen Zeitraume die folgende:

1936 .... 0,9 kg Rohgold
1937 .... 10,5 kg ,,
1938 .... 24,4 kg ,,
1939 .... 28,2 kg ,,

Die abgebauten Alluvionen enthielten im Durchschnitt 0,6 g Rohgold/cbm.

Da die Abbauzentren der Gesellschaft sehr weit von Betore Oja entfernt liegen, mußten Speziallöhne bezahlt werden. Der Eingeborene verdiente 1939 2 Frs. je Schicht (etwa 0,12 RM) und erhielt den Gegenwert von 2,60 Frs. je Tag (etwa 0,15 RM) in Form von Lebensmitteln.

f) Société Minière Pargny-Carmagnac

23 Schurf- und 8 Abbaufelder mit einem Flächeninhalt von 478 qkm bilden den Bergbaubesitz dieser Gesellschaft, die im Mai 1934 mit dem Abbau begann. In zwei Abbauzentren wurden folgende Schichten verfahren:

Jahr	Schichten	Leistung/Mann/Schicht
1934	15000	
1935	30000	0,31 g Rohgold
1936	90000	0,31 g ,,
1937	115000	0,20 g ,,
1938	152000	0,43 g ,,
1939	105000	0,23 g Rohgold (8 Monate)

Die Produktion betrug im gleichen Zeitraum:

1935 .... 9,3 kg Rohgold
1936 .... 25,0 kg ,,
1937 .... 23,9 kg ,,
1938 .... 65,3 kg ,,
1939 .... 29,0 kg ,,

Die bis Ende 1939 festgestellten Reserven betragen 200 kg Rohgold. Die wahrscheinlichen Reserven können als mindestens ebenso hoch angesetzt werden.

Der bisherige Durchschnittsgehalt der Seifen betrug 0,65 g Rohgold/cbm. Die Arbeiter verdienten 1939 1,85 Frs. (etwa 0,12 RM.) täg-

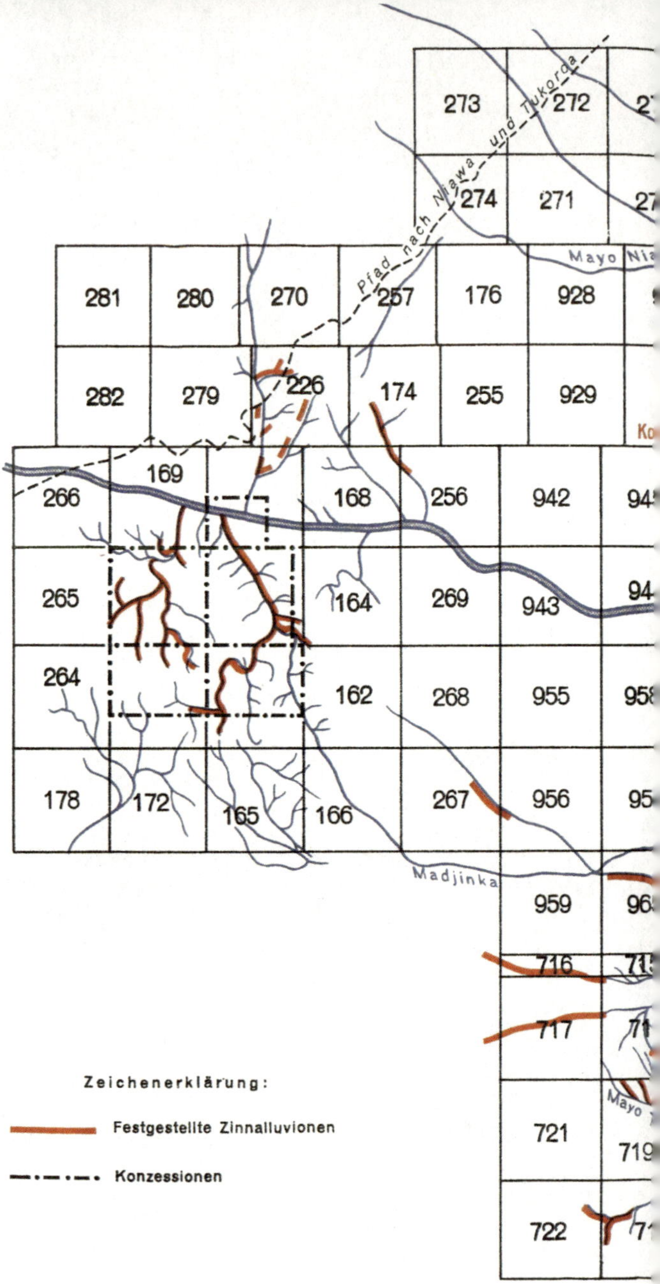

Schürffelder und
des

(Zinnvor

„Deko XI zu Bürg, Minerallagerstätten Kamerun und Togo".
Hergestellt im Reichsamt für Landesaufnahme, Berlin 1942.
Verlag Walter de Gruyter, Berlin W 35.

Abb. 6

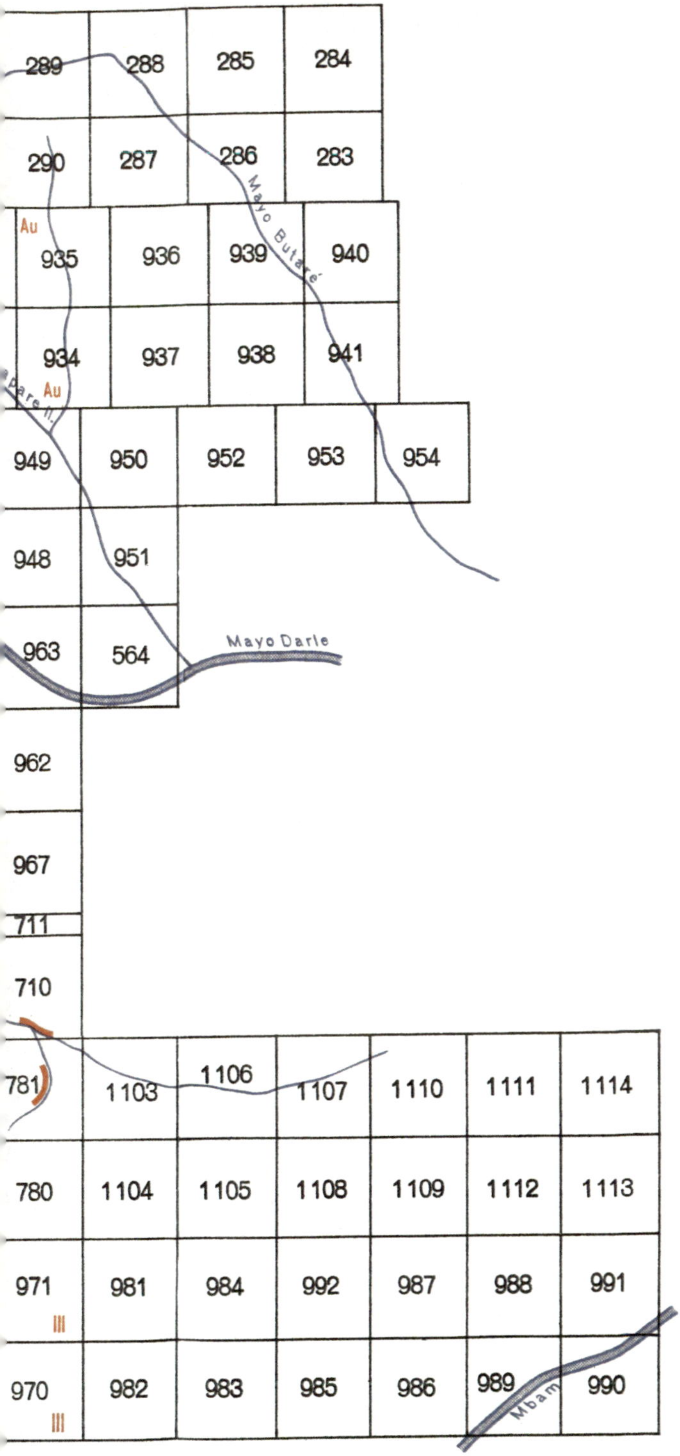

en der Compagnie
aines
jo Darle)

lich und 2,50 Frs. (etwa 0,15 RM.) in Naturalien. Die Leistung war 0,750 cbm goldführender Schotter oder 1,3 cbm Seifenmaterial je Schicht und Arbeiter.

g) Société Minière Coloniale „Colomines“

Es ist eine kleine Gesellschaft, die mit den Abbauarbeiten Ende 1937 begann. Ihr gesamter Besitz betrug 1939 7 Schurf- und 2 Abbaufelder mit einem Flächeninhalt von 225 qkm. Es wurden im Jahre 1938 13000 und in den ersten 8 Monaten 1939 15000 Schichten verfahren. Die Goldgewinnung setzte erst 1939 ein. Bis zum 1. September wurden 14,6 kg Rohgold gewonnen. Bis zur gleichen Zeit waren 250 kg Rohgold nachgewiesen. Die wahrscheinlichen Reserven sind aber viel größer. Die Abbauverhältnisse sind schwierig. Mehrere Pumpen müssen den Abbau trocken halten. Der Durchschnittsgehalt der Alluvionen ist sehr hoch und beträgt etwa 2 g Rohgold/cbm. Die Arbeiter die im Mittel 0,6 cbm goldführenden Schotter oder 1,1 cbm Seifenmaterial je Schicht leisten, verdienten 1939 1,85 Frs. (etwa 0,12 RM.) je Tag. Ihre Ernährung kostet 2,50 Frs. (etwa 0,15 RM.) je Arbeiter und Tag.

h) Sonstige Unternehmungen

Außer den eben beschriebenen Gesellschaften begann auch die Société Méditerranéenne Minière Métallourgique et Commerciale im Jahre 1936 Untersuchungsarbeiten in ihren beiden Feldern, die sich südlich des Konzessionsgebietes der Compagnie des Mines Africaines befinden. Vorläufige Untersuchungen ergaben, daß man in dem einen Abbaufeld meist mit einem Durchschnittsgehalt von 1 g Rohgold/cbm rechnen kann, wogegen man in den anderen Feldern nur Spuren feststellten konnte.

Neben diesen Gesellschaften betätigen sich auch Privatpersonen im Goldbergbau. Es sind kleine und kleinste Unternehmungen, von denen folgende die wichtigsten sind:

α) Schuller-Goutier

Arbeitsanfang: 1935.
Minenrechte: 14 Schurffelder und 12 Abbaufelder.
Oberfläche: 304 qkm.
Verfahrene Schichten:

Jahr	Schichten	Leistung/Mann/Schicht
1935	7000	
1936	15000	
1937	26000	0,04 g Rohgold
1938	40000	0,14 g „
1939	40000	0,13 g „ (8 Monate)

4 Deko XI

Produktion:

1937	1,1 kg	Rohgold	
1938	5,8 kg	„	
1939	5,1 kg	„	(8 Monate)

Reserven: Bis Ende 1939 waren nur einige kg Gold sicher nachgewiesen.

Bisheriger Durchschnittsgehalt: 0,4 g Rohgold/cbm.

Tagelöhne: 1,75 Frs. und 2,50 Frs. in Form von Lebensmitteln.

Arbeitsleistung: 0,650 cbm goldführender Schotter oder 1,1 cbm Seifenmaterial.

Autoweg: 3 km.

β) Doulliac

Arbeitsanfang: 1936.

Minenrechte: 12 Schurffelder und 1 Abbaufeld.

Oberfläche: 325 qkm.

Verfahrene Schichten:

1936	3000
1937	5000
1938	35000
1939	20000

Produktion: Der regelrechte Abbau wurde erst Ende 1939 eröffnet. Bis dahin beschränkte man sich auf Prospektions- und kleinere Abbauarbeiten. 1938 wurden hierbei 12,9 kg Rohgold gewonnen.

Reserven: Noch nicht bekannt.

Bisheriger Durchschnittsgehalt: 0,7 g Rohgold/cbm.

Tagelöhne: 1,60 Frs. und 2,50 Frs. in Form von Lebensmitteln.

Arbeitsleistung: 0,75 cbm goldführender Schotter oder 1,25 cbm Seifenmaterial.

Autoweg: 50 km.

γ) Saubatte

Arbeitsbeginn: 1938.

Minenrechte: 1 Abbaurecht.

Oberfläche: 25 qkm.

Verfahrene Schichten:

1938	14000
1939	30000

Produktion:

1938	8,8 kg	Rohgold
1939	31,2 kg	„

Reserven: 30 kg als nachgewiesen und etwa 200 kg als wahrscheinlich.

Bisheriger Durchschnittsgehalt: 2,5 g Rohgold/cbm.

Tagelöhne: 1,50 Frs. und 2,50 Frs. in Form von Lebensmitteln.

Anmerkung: Die Arbeiter stammen aus dem Dorfe Gadzi, von wo auch die Nahrungsmittel für sie besorgt werden konnten.

δ) Weitere Privatunternehmungen

Auf den Grubengerechtsamen der Besitzer Perolle, Sieredey, Michel, Conus und Ollivier waren Ende 1939 noch keine Untersuchungsarbeiten vorgenommen worden. Die Grubenbesitze aller zusammen bestehen aus 23 Schurffeldern, die eine Gesamtoberfläche von 575 qkm bedecken.

Abb. 7

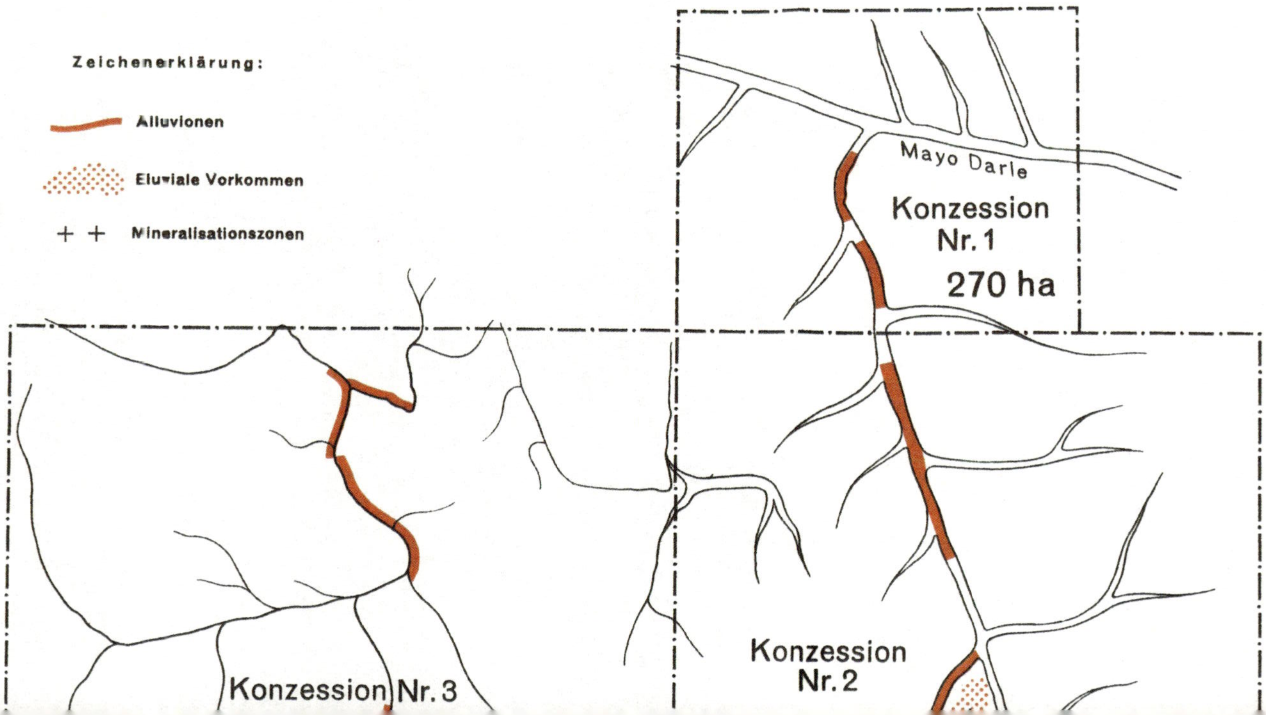
Zeichenerklärung:
Alluvionen
Eluviale Vorkommen
+ + Mineralisationszonen
Mayo Darle
Konzession Nr. 1
270 ha
Konzession Nr. 2
Konzession Nr. 3

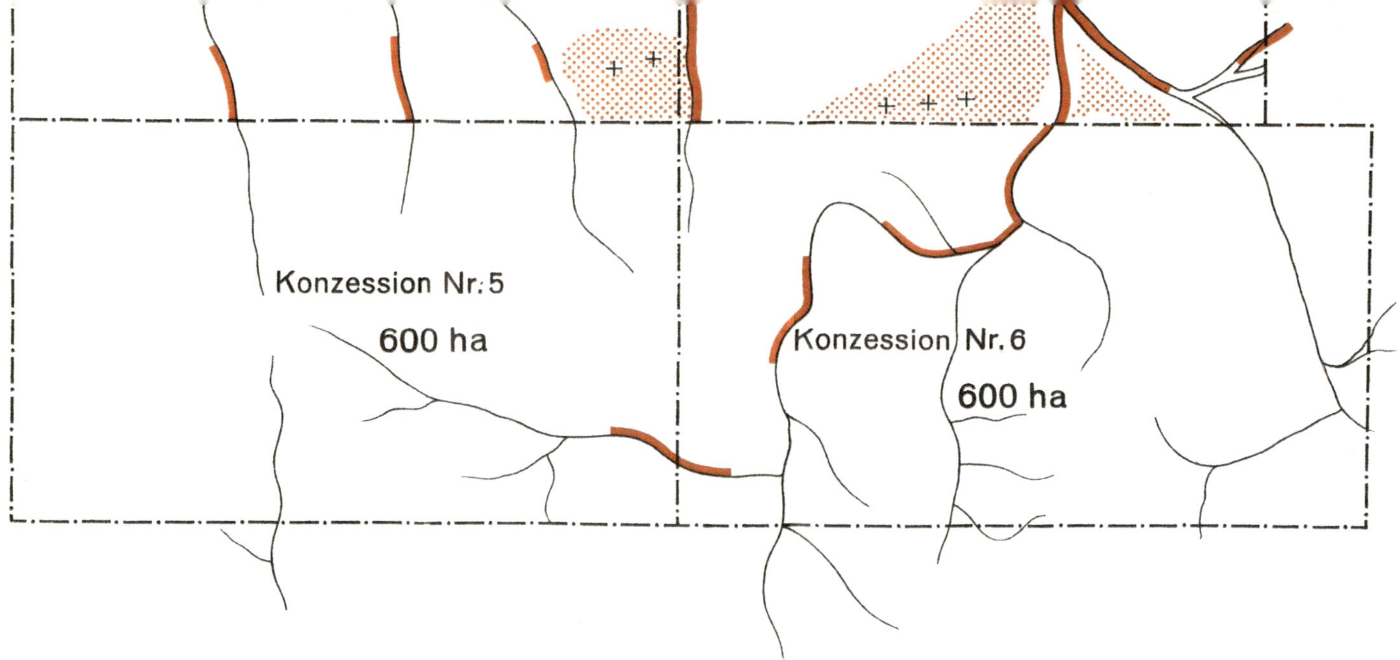

Minenkonzessionen der Compagnie des Mines Africaines

(Zinnvorkommen am Mayo Darle)

„Deko XI zu Bürg, Minerallagerstätten Kamerun und Togo“.
Hergestellt im Reichsamt für Landesaufnahme, Berlin 1942.
Verlag Walter de Gruyter, Berlin W 35.

III. Die Zinnlagerstätten

Obgleich die Gegenwart von Alluvialzinn in einigen Flüssen Kameruns schon vor dem ersten Weltkriege bekannt war, wurden erst 1933 erstmalig 10 t Zinnerzkonzentrate über Duala ausgeführt. Die ältesten Nachrichten über das Vorkommen von Zinn stammen vom Anfang dieses Jahrhunderts. Am oberen Benue fand man bei den Eingeborenen geschmolzenes Zinn in Stäbchenform, von dem feststeht, daß es sich um Erzeugnisse der Eingeborenenindustrie handelt und daß dazu Zinn aus Kamerun verwendet wurde.

Erstmalig wurde Zinnstein in größeren Mengen am Majo Darle gefunden, wo auch heute noch der einzige Abbau in Betrieb ist. Vor dem ersten Weltkriege waren nur die Zinnvorkommen an der Grenze von Kamerun und Nigerien bekannt, wo die North Nigeria Company 60 Schurfscheine innehatte. Daraufhin beteiligte sich die schon erwähnte, im wesentlichen mit deutschen Kapital arbeitende Kamerun Mining Co. Ltd. London an der Schürftätigkeit in dem noch freien angrenzenden Landstrich, doch hatte sie keinen Erfolg. Heute ist Zinn im Bamenda-Distrikt im englischen Mandatsgebiet aus den Tschebschi- und Verebergen bekannt (siehe Tafel II).

Im französischen Mandatsgebiet wurde Zinn außer in der Gegend von Ribao, 40 km südlich Banjo, und in den Alluvionen des Majo Darle und Majo Tapare auch südlich der Namchis-Berge in der Nähe von Tschamba und in der Umgebung von Rei Buba festgestellt. Außerdem fand der Minendienst Spuren von Zinn in den Obanbergen bei Garua, dann südwestlich von Garua im Tale des Faro in der Gegend von Djelko, ferner südsüdwestlich von Banjo, südsüdwestlich von Betare Oja und 3 km westlich des Weges Bertua-Betare, südlich von Garga-Sarali. Man traf hier auf dem Untergrund, der aus Schiefer besteht, ziemlich große Stücke von Alluvialzinn an. In der Nähe steht ein normaler Biotitgranit an. Die Gegend ist sehr waldreich, die Prospektion daher sehr schwierig.

Zinnverdächtig ist schließlich nach Ansicht von französischen Geologen die ganze große Pegmatitzone, die sich in ansehnlicher Breite von Akonolinga über Süd-Bafia und Babimbi nach Ndikinimiki zieht.

Die Ausfuhr von Zinnerzkonzentraten ist aus nachstehender Tabelle zu ersehen.

4*

Ausfuhr von Zinnerzkonzentraten (mit 70—75% Sn) in den Jahren 1934—1938:

Jahr	Menge in t	Wert	
		in Frs.	in RM.
1934	223	1705000	280984
1935	328	3024000	496238
1936	266	2525000	384052
1937	336	5592000	563674
1938	315	5804000	416147
1934—1938	1468	18650000	2141095

Die Zinngewinnung Kameruns beträgt für die Jahre 1933—1939[1]):

1933	97,2 t
1934	244,0 t
1935	314,0 t
1936	315,0 t
1937	336,0 t
1938	315,3 t
1939	563,0 t

1. Die Zinnvorkommen am Majo Darle

Nach den Untersuchungen der Compagnie des Mines Africaines, die die Besitzerin dieser Vorkommen ist, scheinen sich die zinnsteinführenden Alluvionen auf die Becken der Flüsse Majo Darle, Majo Tapare und Majo Butare zu beschränken. Die Gegend um den Majo Majinga dagegen scheint nur schwach vererzt zu sein und die Prospektion des Majo Seni ergab vorläufig kein wirtschaftlich verwertbares Ergebnis. Hier waren 1936 von 40 Schurffeldern 10 eingehend untersucht worden. Nur zwei Felder hatten einen Durchschnittsgehalt, der höher als 500 g/cbm lag. Die meisten Gehalte lagen nur zwischen 0 und 500 g Zinnstein/cbm. Fünf Schurffelder waren steril. Im Majo Darle dagegen erstreckt sich die Zinnsteinführung auf mehrere Kilometer.

Der Zinnbergbau befindet sich im südlichen Teil des Bezirkes von Banjo in der Nähe der Prinz-Luitpoldberge, dessen Vorhöhen er einnimmt (Abb. 6). Die Berge steigen hier bis zu einer Höhe von 1600 m an. Im Norden wird das Prinz-Luitpold-Massiv durch die Berge Jori und Godi mit dem Hochplateau von Adamaua verbunden.

Der Bergbau bewegte sich zunächst 1935 in einem Nebenfluß des Majo Darle, im Majo Sans Nom.

Die eigentliche Zinnzone ist folgendermaßen begrenzt: Im Norden durch den Majo Darle; im Westen durch die etwa 30 km langen

[1]) Nach N. Thamm: Die Zinnerzvorkommen und der Zinnbergbau Afrikas. Mitt. d. Gruppe Dtsch. Kol. Wirtsch. Unternehmungen. Berlin 1942. Bd. 10.

Guingué-Berge, die die Ebene von Tikar beherrschen, die sie mit etwa 800 m überragen; im Osten durch die Trachytkuppen des Majo Sans Nom und im Süden durch eine SW—NO gerichtete Linie, die durch die Quellen des Majo Reni geht. Eine weitere Zinnzone befindet sich im Jori-Gebirge nördlich des Majo Darling.

Die ganze Gegend baut sich hauptsächlich aus Gneisen auf, die tektonisch stark beansprucht sind. Die Kontinuität der Gneise ist vielfach durch die Intrusion saurer Gesteine unterbrochen. Das weitaus häufigste Eruptivgestein sind Mikrogranite und jüngere Granite, seltener Granodiorite; doch findet man auch vielfach Quarzporphyre und Porphyrite. Die Porphyre bauen hauptsächlich den westlichen Teil der Prinz-Luitpold-Berge auf. Hingegen besteht die Osthälfte aus einem Granit, der an der Peripherie Neigung zu Übergängen nach den Mikrograniten erkennen läßt.

Das eigentliche Zinngebiet ist im wesentlichen von Quarzporphyren und Porphyriten bedeckt, die SW—NO- streichen. Die Porphyre enthalten zahlreiche kleine gutbegrenzte Quarzbipyramiden.

In der Konzession Nr. 2. (s. Abb. 7) fand man im Gebiete der oben erwähnten Granite eine mineralisierte stockwerkartige Zone von über 100 m Länge bei einer Breite von etwa 30 m. Sie führt Zinnstein in wechselnden Mengen. Diese Zone bildet einen Teil einer größeren Mineralisationszone, die noch sehr wenig studiert ist, die sich aber auf den Kontakt des Granites mit dem Porphyr zu beschränken scheint. Im Ribao-Gebirge, das 8 km westlich des Majo Darle liegt, kommen mächtige Pegmatite vor, die Quarz- und Muskowitkristalle führen.

Nähert man sich innerhalb der Mineralisationszone vom Granit kommend dem Porphyr, so nimmt der Muskowit ab und das Gestein wird immer quarzreicher. Kommt man noch näher zur Porphyrgrenze, so verschwindet allmählich auch der Feldspat, so daß das Gestein einem grobkörnigen Greisen ähnlich wird. Es führt ziemlich viel Zinnstein. Ganz am Kontakt mit dem Porphyr gibt es überhaupt keinen Feldspat mehr und der Zinnstein nimmt an Menge bedeutend zu. Man kann ferner beobachten, daß dort, wo der Zinnstein verschwindet, auch der Muskowit des Granits durch Biotit ersetzt wird. Das vergreisende Gestein besteht aus Quarz, Muskowit und Zinnstein. Als akzessorische Gemengteile findet man Turmalin, Topas und in ganz geringen Spuren Gold.

Die Mineralisationszone streicht auf beträchtliche Entfernung zu Tage aus. Ihre Mächtigkeit ist sehr verschieden. Die darin auftretenden Zinnerzgänge besitzen kein einheitliches Streichen. Manche von ihnen enthalten Zinnstein bis zu 40% der Gangmasse.

Die Mineralisationszone, in der der Zinnstein vielfach in feiner Verteilung in der ganzen Masse vorkommt, ist an zahlreichen Stellen von einem zersetzten Verwitterungsschutt bedeckt, in dem sich die eluvialen Vorkommen gebildet haben. Die Mächtigkeit dieser Ablagerungen schwankt zwischen einigen Zentimetern und mehreren Metern. Sie kann stellenweise 80—90 m betragen. Die eluvialen Vorkommen werden im Tagebau gewonnen.

In allen Flüssen, die die mineralisierte Zone durchschneiden, findet man Alluvialzinn. Die Alluvionen bilden Ablagerungen von 50—200 m Breite und 500 m und mehr Länge. Bedeckt sind sie durch eine Schicht von Sand und toniger Erde. Darunter folgt die zinnhaltige Kiesschicht. Im Durchschnitt ist die taube Deckschicht, die an der Basis etwas Zinnstein in feinster Verteilung enthalten kann, 2—4 m, die zinnsteinhaltige Schicht 40—70 cm mächtig. Da der Transport des Zinnsteins kein langer war, ist seine Konzentration auf den Seifen eine recht beträchtliche. Es gibt große Strecken, auf denen der mittlere Gehalt der zinnführenden Schicht über 15 kg Zinnstein/cbm beträgt. Nur selten liegt der Gehalt hier unter 7—10 kg/cbm. Als allgemeinen Durchschnitt kann man etwa 25 kg Zinnstein je Kubikmeter zinnführenden Schotter oder 2,5 kg Zinnstein je Kubikmeter Seifenmaterial annehmen.

In den Oberläufen der Flüsse hat man noch keine Alluvionen gefunden, aber auch noch nicht intensiv danach gesucht. Dementsprechend kennt man auch noch nicht die alten Alluvionen, die z. B. in Nigerien eine große Rolle spielen. Die Alluvionen, die heute abgebaut werden und die man bis jetzt kennt, sind jungen Datums, wie man dies an der eckigen Form des Zinnsteins feststellen kann.

Wie bereits erwähnt, gehören diese Zinnvorkommen der Compagnie des Mines Africaines, die hier eine Fläche von etwa 800 qkm belegt und 1933 3 Schurffelder in Abbaufelder umgewandelt hat.

Das gesamte Gebiet wurde zunächst einer sorgfältigen Prospektion unterworfen. Die Prospektion, die abwechselnd mit dem Abbau durchgeführt wurde, wurde auf den Alluvionen mittels Schurfschächten vorgenommen. Diese befanden sich in einer Entfernung von 10—20 m voneinander und waren in Linien, deren Zwischenräume 50—100 m betrugen, angeordnet.

Die eluvialen Vorkommen wurden ebenfalls mittels Schächten untersucht, doch verwendete man gleichzeitig auch Schurfgräben, die möglichst die ganze Längserstreckung der Ablagerungen erfaßten. Sie wurden so gezogen, daß sie beim anschließenden Abbau gleich für die Zuführung des Wassers benutzt werden konnten. Die Abstände der Schächte betrugen bei genügender Ausdehnung des eluvialen Vorkommens 125 m. Sie waren auf Linien angeordnet, die gleichfalls einen Abstand von 125 m aufwiesen.

An minimalen Reserven konnten bis 1936 folgende festgestellt werden:

Konzession Nr. 1:	Alluvionen	50 t	Zinnerzkonz.
„ „ 2:	Eluviale Vorkommen	100 t	„
	Alluvionen	300 t	„
„ „ 3:	Eluviale Vorkommen	300 t	„
	Alluvionen	300 t	„
„ „ 5:		100 t	„
„ „ 6:	Alluvionen	200 t	„
Jori-Berge:	Alluvionen	100 t	„
Majo Seni		50 t	„
		1 500 t	Zinnerzkonz.

Es handelt sich hierbei um Reserven, die besonders leicht abzubauen sind. Bei allen anderen noch vorhandenen Reserven ist der Abbau nicht mehr ganz einfach, da viele Vorkommen zu wenig Wasser besitzen. Die gesamten nutzbaren Reserven wurden auf den Konzessionen Nr. 1, 2 und 3 auf 2000 t Zinnerzkonzentrate geschätzt.

Die untere Grenze der Abbauwürdigkeit liegt bei den Waschbetrieben bei etwa 1 kg Zinnstein je cbm Seifenmaterial. Will man den Zinnstein neben dem Hauptwaschbetrieb auch in kleineren Nebenbetrieben mitgewinnen, so braucht man einen Mindestgehalt von 1,75—2 kg/cbm. Für die eluvialen Vorkommen liegt die Grenze bei 1,25 kg/cbm.

Der Abbau ist je nach der Natur der Lagerstätte verschieden. Die primären Vorkommen werden nur dort, wo sie stark zersetzt sind, mit abgebaut. Das Gestein wird von Hand zerkleinert und der Zinnstein in Gerinnen gewonnen. Da die Aufschließung nur eine sehr primitive ist, geht auf diese Weise ein großer Teil des Zinnsteins verloren.

Die eluvialen Vorkommen werden nur in der Zeit zwischen Mai und Dezember, also in der Regenzeit abgebaut. Da sie keine tauben Deckschichten besitzen, wird das ganze Material hereingewonnen und zur Wäsche gebracht. Der Abbau ist verschieden, je nachdem sich der Wasserkanal höher oder tiefer befindet als der Abbau selbst. Die Hauptarbeit beruht in der Schaffung eines Wasserkanals. Er muß so hoch wie möglich gelegt werden, damit das Wasser am oberen Teil der eluvialen Vorkommen ein möglichst großes Gefälle besitzt. Das

Gerinne selbst wird so tief wie durchführbar verlegt, damit das eluviale Material keine Aufwärtsbewegung zu erfahren braucht. Dieses wird in mehreren Etagen abgebaut. Auf der höheren Etage, auf der eine längere Entfernung bis zum Erreichen des oberen Endes des Waschkanales zurückzulegen ist, werden kleine Loren mit einem Inhalt von 0,3—0,5 cbm verwendet, auf den tieferen Schubkarren mit etwa 60—80 kg Fassungsvermögen. Die oben erwähnten Wasserkanäle haben je nach Beschaffenheit des Geländes eine Neigung von 30—70^0 und laufen quer zum großen Gerinne. Sie dienen dazu, das eluviale Material mittels Wasserkraft dem Gerinne zuzuleiten.

Der Zinnstein ist auf den eluvialen Vorkommen meist sehr grobkörnig. Klumpen von mehreren kg Gewicht sind keine Seltenheit. Das eluviale Material setzt sich aus Fragmenten von Granit, Porphyr und Porphyrit zusammen.

Die Alluvionen können vielfach nur in der Trockenzeit abgebaut werden, da die Flüsse in der Regenperiode zu viel Wasser führen. Der Transport des Waschgutes zu den Gerinnen wird durch Wasserkraft besorgt. Man benützt dazu einen Nebenarm des Majo Sans Nom, den man 3 km nördlich des Arbeitsplatzes abzapfte. Dadurch gewann man ein Gefälle von 90 m. Die großen Abbaue selbst werden mittels Motorpumpen leergepumpt. Der Abbau geschieht flußaufwärts.

Der erste Waschbetrieb auf den Alluvionen befindet sich im Bett des Flusses selbst. Ist dieses abgebaut, so kann das Wasser an dieser Stelle im tieferen Niveau fließen und man kann auch in der Regenzeit abbauen. Zunächst wird die taube Deckschicht entfernt und das zinnsteinführende Geröll freigelegt. Der weitere Abbau geschieht in Gräben, die senkrecht zur Flußrichtung gezogen werden. Diese Gräben werden dann mit fortschreitendem Abbau immer weiter flußaufwärts bis an das Ende der Seife verlegt. Der Transport des Materials zum Gerinne geschieht mittels an Ort und Stelle geflochtener Körbe. Diese Art des Transportes mußte man wählen, da das Gerinne sich stellenweise 2—4 m über dem zinnsteinhaltigen Material befindet.

An den wichtigeren Punkten wird das Waschen des Seifenmaterials in Metallgerinnen, an weniger wichtigen in Holzgerinnen vorgenommen. Die Gerinne sind meist 40 m lang und bestehen aus Teilstücken von je 1 m Länge. Am Kopfende des Gerinnes befindet sich ein Rost, der die groben Gerölle und Zinnsteinbrocken ausscheidet. Das ausgeschiedene Material wird von Hand sortiert. Entlang des Gerinnes stehen Arbeiter, die mit Gabeln und Schaufeln das Waschmaterial gegen den Strom aufwühlen und weiterbewegen. Das Gewinnen der Konzentrate erfolgt in der gleichen Weise.

Abb. 8

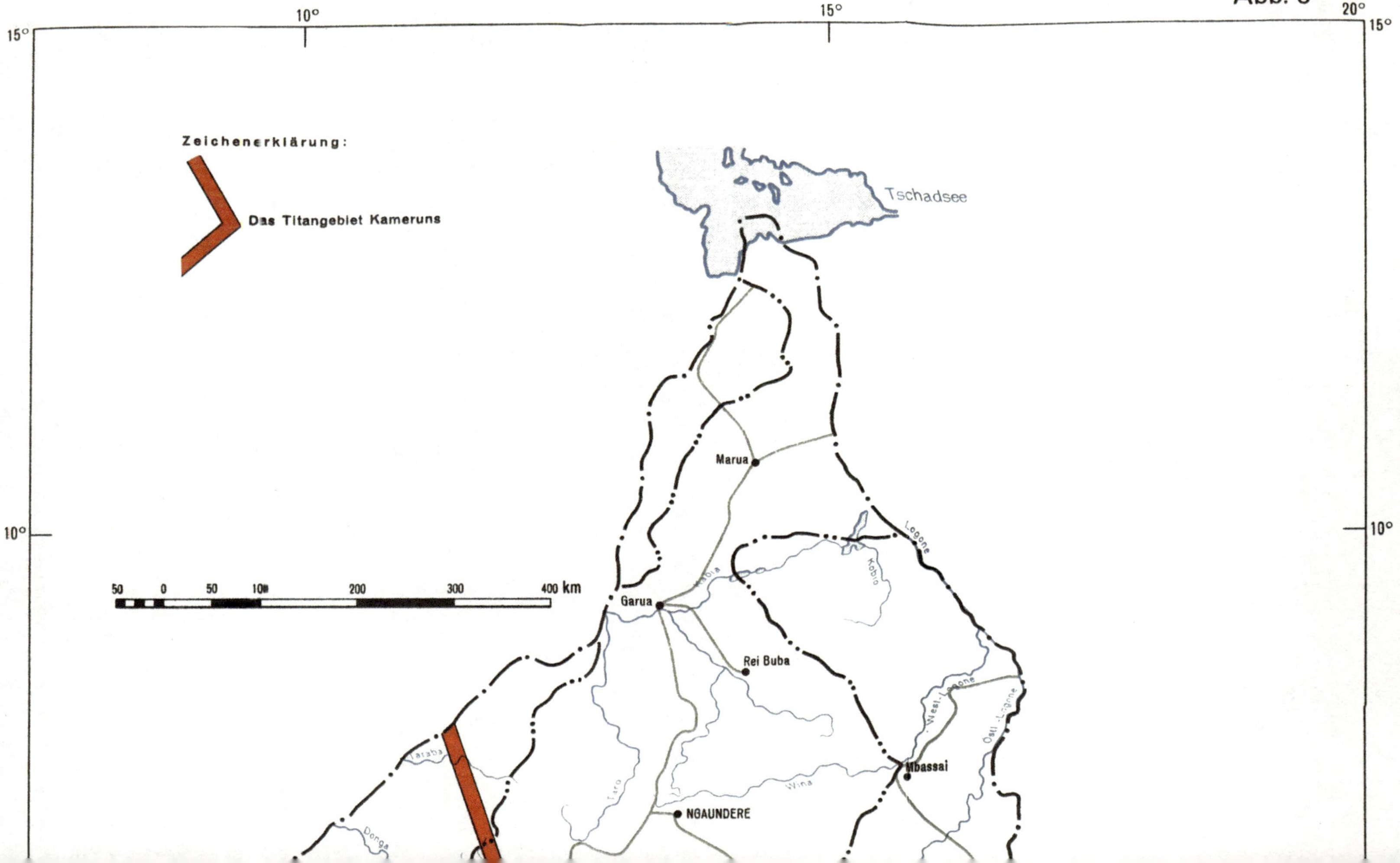

10°
15°
20°
15°
10°
Zeichenerklärung:
Das Titangebiet Kameruns
Tschadsee
Marua
Garua
Rei Buba
Logone
Kobio
Mbassai
West-Logone
Ostl.-Logone
Wina
Faro
NGAUNDERE
Taraba
Donga
50 0 50 100 200 300 400 km

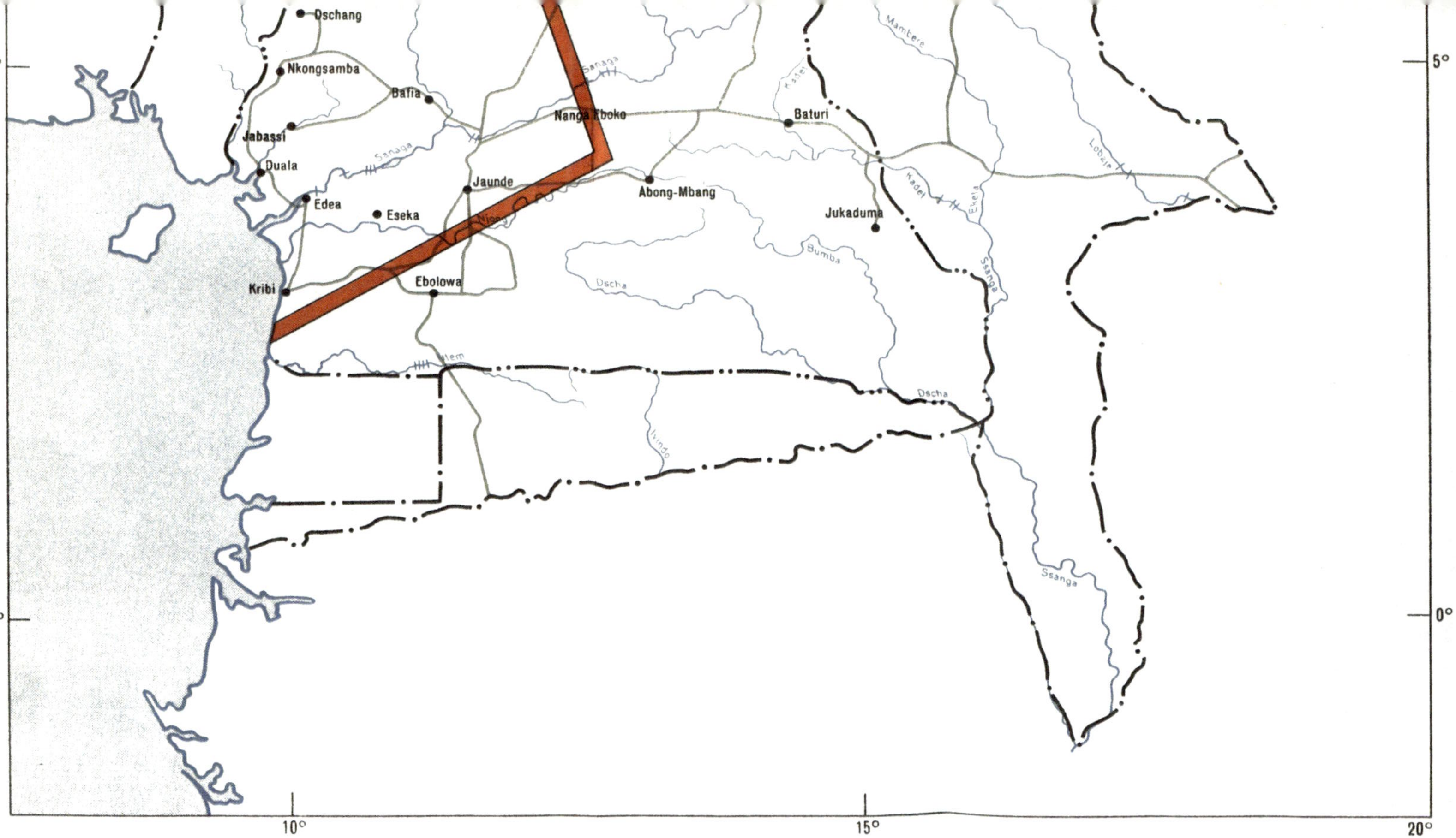

Das Titangebiet Kameruns

„Deko XI zu Bürg, Minerallagerstätten Kamerun und Togo".
Hergestellt im Reichsamt für Landesaufnahme, Berlin 1942.
Verlag Walter de Gruyter, Berlin W 35.

Auf jedes zweite Gerinne entfällt eine Riffel. Beim Entleeren werden die Konzentrate der 5 oberen Riffeln gesammelt und in Konzentrationsgerinnen weiter verwaschen. Die Konzentrate der übrigen Riffeln werden nach unten gespült und am Austrag des Gerinnes konzentriert. Man erspart auf diese Weise viel Zeit und Arbeit. Die Konzentrate, die man aus dem Gerinne gewonnen hat, enthalten etwa 55—60% Zinnstein und werden in Setzkästen von Hand weiterverarbeitet. Zu jedem Gerinne gehören 12 Setzkästen, die etwa 2 t je Tag durchsetzen. Es fallen drei Kornklassen an: Grobes Korn von 3—1,5 mm, Mittelkorn von 1,5 mm und das Feinkorn. Die in den Setzkästen gewonnenen Konzentrate werden auf dem Feuer getrocknet, in Säcke verpackt und in Lagerräumen aufbewahrt.

Der Durchschnittsgehalt der Konzentrate wird folgendermaßen bestimmt: Man nimmt eine Durchschnittsprobe und wiegt davon 126 g ab. Das Volumen dieser Gewichtsmenge wird mit dem des reinen Zinnsteins (126 g reiner Zinnstein mit einem spezifischen Gewicht von 7 besitzt einen Rauminhalt von 18 ccm) in Beziehung gebracht. Eine Tabelle erlaubt die rasche Ermittlung des Gehaltes.

Die Konzentrate werden in Säcken zu je 25 kg Inhalt auf schwierigen Pfaden nach dem 150 km entfernt gelegenen Fumban getragen, von wo aus sie mittels Lastwagen nach Nkongsamba gelangen. Von hier aus werden sie mit der Eisenbahn nach Duala verfrachtet. Sie enthalten 90—92% Zinnstein entsprechend einem Metallgehalt von 70—72% Sn. Die Konzentrate wurden nach Liverpool ausgeführt.

Die Arbeiterschaft setzt sich vornehmlich aus den Stammesangehörigen der Tikar und Bamu zusammen. Auch einige Mabilas und Bamendas werden meist als Vorarbeiter eingesetzt. Die Arbeiterzahl schwankte 1935 zwischen 556 und 826. Davon waren $^5/_6$ im Abbau und $^1/_6$ mit Prospektionsarbeiten beschäftigt. Jeder Abbau untersteht einem Aufseher. Die Arbeiter bilden Gruppen von je 12—25 Mann, die einem Rottenführer untergeordnet sind. Eine Gruppe von 25 Arbeitern setzt sich etwa folgendermaßen zusammen: 4 für die Gewinnung des alluvialen Materials, 12 Träger, 2 Arbeiter, die für besondere Hilfeleistungen zur Verfügung stehen, 4 Mann am Gerinne, 2 Mann, die das in den Abbau eingedrungene Wasser beseitigen, und 1 Aufseher.

Zu der oben angegebenen Arbeiterzahl müssen noch die Transportarbeiter hinzugerechnet werden. Im Jahre 1935 brauchte man für den Transport der Erze und der Lebensmittel 200000 Tageslöhne. Dies entspricht bei 300 Arbeitstagen einer Belegschaft von rund 650 Mann. Diese Transportkolonne hatte folgende Leistungen vollbracht: Es wurden nach Fumban 314 t Konzentrate und von Fumban nach der Mine 240 t Lebensmittel und 320 t Material befördert. Die Marschzeit für die Strecke Fumban—Majo Darle beträgt 5 Tage (etwa 90 km).

Die Arbeiter verdienen während der Vorbereitungszeit, in der sie angelernt werden, 25 Frs. monatlich und 30 Frs., sobald der Eingeborene für eine Spezialarbeit vorgesehen ist. Die Aufseher erhalten 35 Frs. der Oberaufseher 100 Frs. monatlich. Hinzu kommen noch die täglichen Lebensmittelrationen, die sich folgendermaßen zusammensetzen:

Mehl (Maniok, Mais, Hirse)	1200 g/Mann
Fleisch	200 ,,
Salz	20 ,,
Speiseöl	20 ,,

Der Hauptteil der Lebensmittel stammt aus dem Bezirk Fumban und aus Mabila in der englischen Zone.

Die Arbeiter wohnen in Lehmhäusern. Jeder verheiratete Arbeiter bekommt ein Einzelhaus; die Junggesellen wohnen zuzweit. Die Aufseher bewohnen etwas größere Häuser, die meist abseits stehen. Einheimische Krankenschwestern pflegen die Kranken und betreuen die Frauen und Kinder. Das Krankenhaus umfaßt einen Saal mit 6 Betten, einen Verbandsaal und eine Apotheke.

Die Leistung der Arbeiter beträgt etwa $^1/_3$ cbm Schotter je Mann und Schicht, was vorläufig, wo nur die reicheren Stellen abgebaut werden, der Gewinnung eines Konzentrates von etwa 2 kg Zinnstein je Mann und Tag entspricht.

2. Sonstige Zinnvorkommen

Im Südwesten schließen sich an die Felder von Majo Darle diejenigen der Société Méditeranéenne Minière Metallourgique et Commerciale an, die 1936 noch mit Prospektionsarbeiten beschäftigt war. Diese Arbeiten ließen erkennen, daß zwar viele Felder Zinnstein in beachtlichen Mengen führen, doch scheint der Durchschnitt 1 kg Zinnstein je cbm Seifenmaterial nicht erreicht zu haben. Die Untersuchung der 102 Schurffelder bestätigte vielmehr im großen und ganzen die Erfahrung, die man auf dem Konzessionsgebiet der Compagnie des Mines Africaines machte, d. h., daß die zinnsteinführenden Alluvionen sich anscheinend auf die Becken der Flüsse Majo Darle, Majo Tapare und Majo Butare beschränken. Die Gegend des Majo Meiganga und seiner Nebenflüsse scheint dagegen nur schwach vererzt zu sein.

IV. Die Wolframlagerstätten

Schon unter der deutschen Herrschaft war es bekannt, daß im Norden der Kolonie Wolfram vorkommt. Die begonnene Überprüfung ihrer Bauwürdigkeit konnte aber des ersten Weltkrieges wegen nicht mehr abgeschlossen werden.

Die Wolframlagerstätten befinden sich 35 km nördlich von Garua, westlich des Weges Garua-Marua. Die wichtigsten Vorkommen liegen bei Gutschumi auf der Nordseite des Tengelingebirges. Die erzführende Zone erstreckt sich anscheinend über ungefähr 50 km in streichender Richtung und bietet gute Aussichten.

Die Gegend setzt sich geologisch aus alten metamorphen Schiefern zusammen, die von Graniten durchdrungen wurden. Letztere bilden auch den Berg Gutschumi. In Zusammenhang mit diesem Granit entstanden zahlreiche Quarzgänge, in denen man den Wolframit findet. Das allgemeine Streichen der Mineralisationszone ist NO—SW. Ähnliche Spaltenausfüllungen und Gänge findet man im ganzen Becken zwischen den Bergen Gutschumi, Puri, Kabri und Hamakussan. Die Quarzgänge folgen im großen und ganzen dem Streichen der Granite und fallen mit etwa 50—60° NNW. Außer Wolframit fand man auf einigen Gängen auch beträchtliche Mengen von Bleiglanz. Daneben kommen Pyrit und Flußspat vor, Zinnstein fehlt.

Die ganze Gegend wurde durch die Compagnie Minière de l'Oubanghi Oriental, welche die Schürfrechte besitzt, mittels etwa 400 Schurfgräben untersucht. Die Gesamtlänge dieser Schurfgräben kann auf 2—3 km geschätzt werden. Einige wenige Schurfgräben waren 3—4 m, die übrigen 1—1,5 m tief.

Die Mächtigkeit der wolframitführenden Gänge schwankt zwischen 25 cm und 4 m bei einem Durchschnitt von etwa 1,5 m. Der Wolframit ist anscheinend in den tieferen Partien konzentriert; in den höheren Regionen zeigen die Gänge nur Spuren von Wolframit, dagegen herrscht hier der Muskovit vor.

Nach französischen Angaben soll man mit einem Durchschnitt von 8—20% WO_2 rechnen können, was sehr unwahrscheinlich ist. Als Nebenprodukt könnte man eventuell den Bleiglanz, dessen Silbergehalt mit 520—820 g/t angegeben wird, mit hereingewinnen.

Der Abbau würde sich in der Regenzeit sehr günstig gestalten. Für die Trockenzeit würde das Gelände die Anlage von Staudämmen ermöglichen.

Die Verkehrsverhältnisse sind nicht besonders vorteilhaft. Die Gegend, in der die Wolframitlagerstätten auftreten, ist jedoch durch einen Pfad mit Gassiga verbunden, das an einer Straße liegt. Diese ist in ihrem jetzigen Zustand bei geringen Verbesserungen durch Autos befahrbar, so daß nur der Pfad zwischen Gassiga und Gutschumi ausgebaut werden müßte. Die Unkosten wurden auf etwa 30000 Fr. (5000 RM.) geschätzt. Die Konzentrate müßten in der Trockenzeit bis Garua (35 km) gebracht und hier gestapelt werden. In der Regenzeit könnte man sie dann auf dem Benue weitertransportieren.

Als Arbeiter müßten die Sara herangeholt werden. Für die Aufbereitung brauchte man zwei Dieselmotoren von insgesamt 300 PS. Das Öl könnte auf dem Benue bis nach Garua transportiert werden. Der Transport der Konzentrate bis nach Europa würde etwa 2500 Frs/t (417 RM.) kosten.

Wolframit kommt auch in der Umgebung von Lombel vor, das etwa 50 km nordöstlich Gutschumi liegt und den gleichen geologischen Bau aufweist. Man fand hier einen Quarzgang, der Hämatit und Wolframit führt. Er streicht über 6 m Länge an der Tagesoberfläche aus und besitzt eine durchschnittliche Mächtigkeit von 40 cm. Sein Streichen ist N—S, sein Einfallen senkrecht. Zwischen Lombel und Gider tritt ein Quarzgang ohne Mineralisation zu Tage, der in der gleichen Richtung streicht wie der oben erwähnte. In der Umgebung findet man zahlreiche granitische Gänge, die ein fast N—S verlaufendes Streichen besitzen; andere von ihnen streichen auch O—W. Beide Streichrichtungen findet man auch in den Basaltgängen wieder. Hämatit tritt in kleinen Mengen fast überall auf. Von Interesse ist die Tatsache, daß Bascheo westlich Lombel und einige Punkte im englischen Mandatsgebiet mit Zinnstein gut vererzt sind.

Spuren von Wolframit, Bleiglanz und Manganspat fand man auch auf einem Quarzgang beim Dorfe Botke in der Umgebung von Poli, südlich Garua.

V. Die Titanlagerstätten

Die Titanerze finden sich als Rutil- und Ilmenitsande auf einem Gebiet, das folgendermaßen begrenzt wird: Durch eine Linie von nördlich Banjo in südöstlicher Richtung bis östlich Akonolinga; von hier durch eine südwestlich verlaufende Linie bis südlich Kribi, dann dem Meer entlang bis zur Mandatsgrenze und längs dieser weiter bis zum Ausgangspunkt nördlich Banjo (Abb. 8). Innerhalb dieses Gebietes zeichnet sich eine breite Zone durch besondere Titanerzführung aus. Sie wird durch die Orte Ngambe — Eseka — Mbalmajo — Akonolinga begrenzt und nimmt eine Fläche von etwa 3000 qkm ein.

Die hauptsächlichsten Fundpunkte von Titanerzen sind: Dschang, Eseka, Jaunde, Banjo, Zakabjeme nördlich Edea, Mbamti nordöstlich Banjo und die Umgebung von Kribi.

Bei Dschang fand man Titanerze in Form von Eluvionen und Alluvionen in den Bamugu-Balum-Bergen zwischen dem Todiatal und dem Hochland von Dschang. In diesem Gebiet sind jüngere Eruptivmassen selten. Granite und Gneise herrschen vor. Ab und zu findet man auch kleinere Dioritvorkommen. Beim Rastdorf Bamugu tritt als Kontaktgestein ein Granatfels auf, der von Pegmatiten mit ansehnlich großen Rutilkristallen durchsetzt wird. Leider haben diese Vorkommen eine sehr ungünstige Verkehrslage. Die Erze müßten, soweit sie direkt bei Dschang liegen, mit Lastautos bis Nkongsamba, dann mit der Eisenbahn bis Bonaberi (160 km) und hier auf dem Wasserwege bis nach Duala befördert werden.

Ein weiteres Vorkommen von Rutil kennt man ostsüdöstlich Fumban.

Größere Mengen von Ilmenitsanden hat man am unteren Sanaga und seinen Zuflüssen festgestellt. Sie enthalten 42% TiO_2 und 25 bis 30% FeO.

Unweit Mamfe fand man in Rinnsalen und Bachläufen erhebliche Mengen schwarzer Sande, die sich meist als Ilmenit mit wenigen Körnern von Magnetit herausgestellt haben.

Bei Mbamti kommen gleichfalls Ilmenitsande vor. Es sind reiche Vorkommen, doch liegen sie zu weit von der Küste entfernt.

Die Hauptzone in der Gegend von Edea und Jaunde setzt sich aus kristallinen Schiefern zusammen, die in SO—NW-Richtung von Graniten und mächtigen Pegmatiten durchbrochen werden. Man kennt hier drei verschiedene Arten des Auftretens:

1. Primäre Vorkommen mit mehr oder weniger großen Rutilkristallen, die sich in den Glimmerschiefern und Paragneisen eingewachsen finden. Sie haben demnach archaisches Alter.

2. Eluviale Anreicherungen, die mit der lateritischen Zersetzung dieser Gesteine im Zusammenhang stehen und oft eine Mächtigkeit von 3 m erreichen können. Diese Vorkommen liegen häufig in der Nähe von Vulkanen und folgen im allgemeinen einer Linie, die auch diese einnehmen.

3. Alluvionen, die sich an Bach- und Flußläufen gebildet haben, die das Gebiet der rutilführenden Glimmerschiefer und Paragneise durchschneiden.

Das gewonnene Erz ist ein eisenhaltiger und dadurch schwarzgefärbter Nigrin.

Vom Jahre 1935 an sind verschiedene Abbaugerechtsame an Privatpersonen verliehen worden. Man hat bis heute aber noch keine Vorstellung über die Bauwürdigkeit der verschiedenen Vorkommen.

Im Laufe der Zeit entstanden 3 Minenzentren. Das wichtigste befindet sich im Bezirk von Eseka, das zweite im Dschang-Bezirk und das dritte bei Jaunde. Von den rund 320 t Titanerzen, die zwischen 1935 und 1938 gewonnen wurden, stammten fast 200 t aus der Umgebung von Eseka. Der Rest kommt aus der Umgebung von Dschang, wo 1939 keine Abbaurechte mehr bestanden, und aus der Umgebung von Jaunde, wo der Abbau an Bedeutung immer mehr zunimmt. Alle Abbaufelder befinden sich in Privathänden. Am 1. Juli 1939 gab es auf dem titanerzführenden Gebiet 40 Schurfscheine, die sich folgendermaßen verteilten:

Gebiet von Sanaga Maritime	29	Schurfscheine
„ „ Njong und Sanaga	7	„
„ „ Mungo	3	„
„ „ Kribi	1	Schurfschein

Die Ausfuhr von Titanerzen (Rutil) ist aus nachstehender Tabelle zu ersehen:

Produktion und Ausfuhr von Titanerzkonzentraten (Rutil) mit etwa 92% TiO_2 in den Jahren 1935—1938

Jahr	Menge in t	Wert (cif)	
		in Frs.	in RM.
1935	45	84000	13784
1936	55	98000	14306
1937	103	119000	11995
1938	118	704000	50477
1939	159	832000	52416
1935—1939	480	1832000	142978

Wie bereits erwähnt, stammt über die Hälfte dieser Konzentrate aus der Umgebung von Eseka. Die dortigen Minen gehören den Herren Dreuillie und Pezzano. Die Förderung war hier folgende:

1935	15 t
1936	42 t
1937	58 t
1938	83 t
	198 t

Zur Gewinnung der Titanerze werden verschiedene Methoden angewendet:

1. Die Konzentrierung der Kristalle geschieht dort, wo es sich um eluvialo Vorkommen handelt, durch die Eingeborenen mittels Absieben des eluvialen Materials. Gruppen zu je 4 Eingeborenen arbeiten zusammen. Sie besitzen 2 Schaufeln, zwei Spitzhacken und ein rechteckiges Sieb von 0,70 m Länge, 0,40 m Breite und 0,09 m Höhe. Das Sieb hat eine Lochung von 5 mm.

2. Aus den Alluvionen wird das Titanerz an den Ufern oder im Bett der Bäche mit Gerinnen gewonnen und dann nach der oben beschriebenen Methode weiter verwaschen und konzentriert.

In beiden Fällen wird demnach nur das Titanerz gewonnen, das größer als 5 mm ist, so daß recht viel verloren geht. Nach den bisherigen Erfahrungen kann man einen Durchschnittsgehalt von 4 kg Rutil je Kubikmeter annehmen, wovon aber auf diese primitive Weise nur etwa 2,5 kg gewonnen werden.

Die Besitzer Dreuillie und Pezzano arbeiteten 1939 mit 115 Eingeborenen, von denen 80 direkt mit der Erzgewinnung beschäftigt sind. Sie setzen sich aus Saras der Benuegegend, aus Babimbis und aus Bakokos der Sanaga Maritime-Gegend zusammen. Die in der unmittelbaren Umgebung ansässigen Eingeborenen waschen die Titanerze auf eigenes Risiko und verkaufen das Kilogramm mit 1 Frs.

Die Leistung eines Arbeites beträgt etwa 3 kg Titanerzkonzentrat je Schicht. Für diese 3 kg erhält er bei der Ablieferung 2 Frs. (etwa 0,12 RM.). Hinzu kommt noch die Ernährung bzw. der dafür gezahlte Gegenwert von 1 Fr. (etwa 0,06 RM.) je Tag. Nur die Saras wollen beköstigt sein. Sie erhalten je Woche:

Mehl	2,5 kg
Schaffleisch..............	0,5 kg
Palmöl..................	0,066 l
Salz	0,016 kg

Die Spezialarbeiter bekamen 1939 100—200 Frs. (6—12 RM.) monatlich einschließlich Verpflegung.

Jeder Arbeiter, der 6 Tage gearbeitet hat, erhält eine Prämie von 3 Frs. Hat einer eine größere Tagesproduktion als 3 kg erzielt, so wird jedes weitere Kilogramm mit 1 Frs. (0,06 RM.) bezahlt. Manche Arbeiter kommen auf diese Weise, wenn sie reichere Stellen finden, auf 5 bis 6 Frs. (etwa 0,30 RM.) je Tag.

Die Konzentrate müssen von Manjai aus, wo sich das Abbauzentrum befindet, nach dem 32 km entfernten Eseka auf der Schulter getragen werden. Für eine Last von 25 kg bezahlt man für diese Strecke 12,50 Frs. Hiervon entfielen 10 Frs. auf den Träger und 2,50 Frs. auf den Beauftragten. Von Eseka aus werden die Konzentrate mit dem Lastwagen weiter befördert. Der Autotransport kostet 55 Frs./t, der sich anschließende Eisenbahntransport 120 Frs./t. Demnach kostete der Transport einer Tonne Titanerzkonzentrate bis Duala 1938 rund 700 Frs. Der Preis des Rutils in Duala betrug 1939 5600 Frs. je t, die Unkosten waren 3500 Frs., so daß man mit einem Reingewinn von 2100 Frs./t rechnen konnte.

VI. Die Eisenerzlagerstätten

Bisher hatten die Eisenerzlagerstätten Kameruns für die europäische Industrie keinerlei Wert, obgleich das Eisenerz, teils als Laterit, teils als Roteisenstein und Magneteisenstein weit verbreitet ist. Nach Behrend handelt es sich aber um keinen echten Laterit, sondern um Krusteneisenstein. Dieser diente früher an mehreren Orten, vor allem in Bubandjidda, Asagdje, im Mandaragebirge, im Baligebiet, in Bagangu bei Bamenda, Babankitungo, Bagam Bali, Lakom, Bansso, Kambo und Banjo den Eingeborenen als Rohstoff zur Herstellung von Eisen. Dagegen benutzten sie die vielfach vorhandenen reicheren lateritischen Roteisensteine, die namentlich als Zersetzungsprodukt von Basalten häufig vorkommen, und nicht die Magnetite, da diese für das Einschmelzen ungeeignet waren.

Guillemain gibt nachstehende Analysen von Eisenerzen, die zum Teil von den Eingeborenen verwendet wurden:

	I %	II %	III %	IV %
SiO_2	56,72	27,25	23,44	9,21
Fe	20,12	29,38	38,68	55,40
Mn	0,88	1,41	0,26	8,43
CaO	0,00	0,01	0,00	0,89
MgO	0,00	0,27	0,16	—
P	0,04	0,70	0,09	0,12

I = Raseneisenerz von Babungo, II = Brauneisenerz aus dem Ossidingebezirk, III = Brauneisenerz von Bamenda, IV = Raseneisenerz von Bagangu.

Die Neger verarbeiteten die Erze mit der allerprimitivsten Rennarbeit, wie sie für die Anfänge unserer europäischen Eisenindustrie charakteristisch ist. Am verbreitetsten war die Rennarbeit im Herde. Die Erze wurden gewöhnlich mit Holzkohle gemengt und über einer im Erdboden mit Steinen und reichlicher Kohlenasche ausgekleideten Vertiefung auf reiner Holzkohle aufgeschichtet. Mit Hilfe eines sehr primitiven Blasebalges wurde ein Windstrom erzeugt und die Beschickung niedergeschmolzen. Diese Methode hatte ein sehr geringes Ausbringen, doch gingen bei der niedrigen Reduktions- und Schmelztemperatur der eisenreichen Schlacken alle Verunreinigungen der Erze, hauptsächlich Phosphor und Mangan, fast vollständig in die Schlacke.

Aus der vorangegangenen kurzen Beschreibung geht hervor, daß man in Kamerun verschiedene Arten von Eisenerzen kennt: Krusteneisensteine, Roteisensteine und Magneteisensteine. Hinzu kommen noch Eisenquarzitschiefer.

Die Krusteneisensteine sind in Kamerun weit verbreitet. Sie liegen vielfach, wie im Gebiete von Bali, Bafut und Bamum, als Brauneisenerze vor und sind durch die Lateritisierung der Basalte entstanden. Sie haben laut Analyse nur einen mäßigen Eisengehalt von 42,25% bei 12,26% SiO_2. Bei Bali kommt Roteisenerz vor, das außer den eben angegebenen Werten noch 0,35% Mn und 0,17% P enthält. Die Eisenerzvorkommen von Bali besitzen zum Teil bedeutende Mächtigkeiten.

Weit verbreitet findet man in Tuff- und Lavagebieten Bildungen von jugendlichen Eisenerzen, die hauptsächlich in Spalten des Gesteins, aber auch oberflächlich als Rinden und Krusten, die aus Brauneisenstein bestehen, auftreten. Meist sind sie dort entstanden, wo dauernd Quellwasser über den Bergabhang herabrieselt.

Die Roteisensteine sind aus der lateritischen Zersetzung von Basalten hervorgegangen.

Die Magneteisenerze bilden nach Guillemain bei Misseng am unteren Sanaga und am Mbam zwischen Ntok und Mba eine breite Zone im Gneis. Sie sind leider mit viel Quarz vergesellschaftet, so daß sie bei einem Gehalt von 39,84—41,45% Fe und 0,13—0,26% Mn rund 40% SiO_2 enthalten und deshalb für die Verhüttung wohl niemals in Frage kommen werden.

In dem zwischen dem Wina- und Mberefluß liegenden Winkel befinden sich am Ostrande des Plateaus angeblich außergewöhnlich große Mengen von gutem Magneteisenstein und Hämatit.

Eisenquarzitschiefer treten im Jungalgonkium des Lom-Gebietes auf.

Keines der erwähnten Eisenvorkommen ist bisher einer eingehenderen Untersuchung unterworfen worden, so daß man über Mengen und Gehalte nichts weiß. Ganz allgemein muß man aber als unüberwindliche Schwierigkeit für eine Verhüttung der Eisenerze den Kalkmangel der Kolonie betrachten.

VII. Die Manganerzlagerstätten

Manganerze sind sowohl als weitverbreitete Lateritbildungen, wie auch vereinzelt als reiche Gangausfüllungen bekannt. Beide Arten des Vorkommens treten in den kristallinen Schiefern des Grundgebirges auf.

Man fand Manganerze im Dschangbezirk, bei Jabassi, bei Bafia und im englischen Mandatsgebiet im Bamenda-Distrikt.

Die Vorkommen im Dschang-Bezirk liegen bei Fongotunga an der Straße nach Fontem. Es treten hier im Gneis Diabase und Diorite auf, die von einem über 1,5 km verfolgbaren Gangzug geschnitten werden. Dieser Gangzug führt Manganerze und Roteisenstein. Der Mangangehalt schwankt zwischen 28,47 und 36,53%.

Ostnordöstlich von Jabassi beim Dorfe Ntiba in der Landschaft Ndem finden sich mehrere Meter mächtige gangartige Vorkommen eines reinen milchweißen Quarzes, in dem sich am Ausgehenden, offenbar als Zersetzungsprodukt von eingesprengten Mineralien (Hornblende und Granat) Manganerze nester- und trumförmig gebildet haben. Eine Analyse ergab folgende Gehalte:

Mn	33,34%
Fe	9,87%
SiO_2	13,97%
CaO	0,74%
P	0,31%

Das Erz wäre demnach wohl verwendbar, doch kennt man weder die Reserven, noch kann wegen des Mangels jeder Transportmöglichkeit an eine vorteilhafte Gewinnung gedacht werden.

Südöstlich von Bafia findet man Manganerze in archaischen Schiefern.

VIII. Die übrigen Erzvorkommen

1. Bleierze

Silberhaltiger Bleiglanz kommt bei Gutschumi mit Wolframit zusammen vor (vgl. das bei Wolfram hierüber Gesagte). Auf einer ähnlichen Lagerstätte findet sich Bleiglanz bei Poli südlich Namchis. An den Flanken des Namchisgebirges, das sich aus Gneisen aufbaut, treten zahlreiche Quarzgänge auf. In einem dieser Gänge, der das Bett des Majo Botke beim gleichnamigen Dorf, etwa 6 km nördlich von Poli, verquert, traf man etwas Bleiglanz an.

In Ngome, einem Nebenfluß des Cross-Flusses, zeigt sich im Sandstein eine etwa 20 cm mächtige, mit Bleiglanz imprägnierte Bank, der aber kein wirtschaftlicher Wert zukommen soll.

2. Arsenerze

Im Rio del Rey-Bezirk fand man bei Munjanga im Gneis einen unter 40° nach Osten einfallenden Quarzgang, der Arsenkies führt. Die Untersuchung des Ganges mußte wegen des hohen Wasserstandes des Flusses unterbrochen werden.

Unbedeutende Arsenkiesgänge treten in den kontaktmetamorphen Sidischichten auf.

3. Kupfererze

Bisher kennt man nur ein spurenhaftes Auftreten des Kupfers. Kupferkies fand man in den Bergen von Balum in der Nähe von Dschang. Er bildet hier einen Bestandteil der Pegmatite. Malachit kommt mit Quarzkristallen nordöstlich Gutschumi vor. Das dortige Gebiet wird von amphibolreichen Orthogneisen aufgebaut. In der Gegend von Badjuma fand man einen Quarzgang, der an einigen Stellen Malachitausblühungen erkennen ließ. Zwei kleinere Schächte wurden abgeteuft, um das Verhalten des Malachits nach der Tiefe zu prüfen. Jedoch konnte selbst der Quarz nur bis zu einer Tiefe von 1,50 m nachgewiesen werden. Dann stieß man auf einen Amphibolgranit, der an anderen Stellen auch vielfach an der Oberfläche nachzuweisen ist.

4. Molybdänerze

Molybdänglanz tritt am rechten Ufer des Majo Sans Nom im dortigen Zinngebiet in Pegmatiten sporadisch auf. Indessen kommt er niemals mit Zinnstein vergesellschaftet vor und meidet auch den Muskovit. Man fand schöne und große Kristalle.

5. Chromerze

Größere Chromitvorkommen sind, soweit dies auf Grund unserer heutigen Erkenntnisse der Gesteine Kameruns zu beurteilen möglich ist, unwahrscheinlich. Bisher fand man nur unweit Dschang vereinzelte Einsprengungen von Chromit in Serpentin.

6. Aluminiumerze

Bauxit wurde an verschiedenen Stellen beobachtet. So fand man ihn im Bereich der Ngaundere-Basaltdecke und am Ngam. Bauxitische Bildungen erfüllen u.a. auch die Talböden des Mbere- und Mbinatales. Der französische Minendienst fand ferner Bauxit bei Ebom. Alle diese Vorkommen sind noch nicht näher untersucht, so daß über ihre Bauwürdigkeit nichts gesagt werden kann.

Wichtig ist, daß in der Umgebung einiger dieser Vorkommen die Verwendung billiger Wasserkraft wohl möglich wäre.

7. Tantal-, Niob- und Ceriumerze

In den Sanden der Flüsse Donjo, Gamana und angeblich in größeren Mengen im Tungafluß kommen Monazit und Columbit vor. Alle diese Flüsse befinden sich nahe der ehemaligen deutsch-englischen Grenze in Nordwestkamerun. Monazit wurde ferner auch als Gemengteil der die Obanberge zusammensetzenden kristallinen Schiefer festgestellt.

IX. Die Lagerstätten der Nichterze

1. Halbedelsteine

Da die Pegmatite Kameruns bisher nur wenig untersucht wurden, weiß man auch kaum etwas über ihren Mineralbestand. Immerhin sind an einigen Orten Halbedelsteine gefunden worden, so daß man berechtigte Hoffnungen haben kann, daß man später bei einer genaueren Prospektierung auch wirtschaftlich wichtige Vorkommen entdecken wird. Bekannt sind schöne Kristalle von schwarzem Turmalin sowie dunkelviolette Amethystkristalle von den Pegmatiten von Galim und östlich Banjo, die für das Schmucksteingewerbe Bedeutung bekommen könnten. Außerdem fand man noch an verschiedenen Stellen Edel- und Halbedelsteine wie Topas, Zirkon, Granat und Chrysoberyll. Die Ausdehnung und die Bedeutung dieser Vorkommen ist aber noch nicht bekannt.

2. Glimmer

Das wichtige Glimmervorkommen, das schon zur deutschen Zeit bekannt war und zeitweilig abgebaut wurde, liegt bei Esudan im Ossidingebezirk des britischen Mandatsgebietes am Flüßchen Gomonjungo.

Die nähere Umgebung Esudans bildet ein großes zusammenhängendes, durch Faltung und Erosion vielfach zerrissenes Gneis-Glimmerschieferbergland. Im Osten wird das Gebiet durch eine große Anzahl von Muskovitgranitstöcken begrenzt. Diese Granite werden vielfach von pegmatitischen Adern und Gängen durchzogen. Außer den Pegmatiten findet man auch anders geartete Spaltungsgesteine, wie Bostonite und Quarzbostonite.

Die Fundstelle des Glimmers liegt in nordwestlicher Richtung vom Dorfe Esudan an einem steilen Bergabhang in einer Höhe von etwa 900—1000 m. Die Entfernung vom Dorf beträgt bei teilweise sehr steilem Anstieg 4 Stunden Weges zu Fuß.

Es handelt sich hier um einen glimmerführenden Pegmatit, der ungefähr N—S streicht und mit 40° W einfällt. Seine durchschnittliche Mächtigkeit beträgt 2,5 m. Die Gangausfüllung besteht aus groben Orthoklas- und Quarzkristallen. An den Salbändern sitzt oft reichlich ein roter Eisentongranat. Etwa ein Drittel des Ganges im Hangenden enthält große Glimmerplatten und -pakete. Man findet alle Größen bis zu Platten von 60 × 60 cm. Meist kann man keilförmige, rosettenartige Aggregate mit 3—10 cm Stärke an der Peripherie beobachten. In der Nähe der Oberfläche ist der Glimmer oft druckbeansprucht, und die dadurch entstandenen Sprünge sind von asbestartig aussehenden Glimmerfasern erfüllt. Manche Platten lassen deutlich einen zonaren Aufbau erkennen. Der Pegmatit ist durch eine O—W streichende Verwerfung gestört. Im südlichen Teil der Verwerfung scheint der Glimmer weniger zerquetscht und auch mehr auf die ganze Gangmasse verteilt zu sein.

Der Glimmer ist ein typischer Muskovit von vorzüglicher Reinheit und ganz frei von Einschlüssen. Die Farbe ist an dickeren, etwa 1—2 mm starken Platten ein ins Rötliche spielendes Bräunlichgelb. Die öfters vorhandene zonare Färbung des Glimmers, die dem sechsseitigen Kristallumriß parallel verläuft, verschwindet beim Spalten und ist meist schon von $^1/_4$ mm Dicke an nicht mehr oder kaum noch sichtbar. Platten von $^1/_{10}$ mm sind in der Regel schon vollkommen farblos. Der frische Glimmer ist fest, nicht spröde, zäh, sehr elastisch und spaltet auch in großen Tafeln sehr vollkommen in ganz ebenen Flächen selbst bis in die dünnsten Schichten.

Die Allgemeine Elektrizitätsgesellschaft Berlin verarbeitete vor dem ersten Weltkriege 900 kg Rohglimmer mit folgendem Ergebnis:

1,2 kg	Größe	G	zu	11,0 M.	das kg	= 13,20 M.
0,6 „	„	H	„	9,0 „	„ „	= 5,40 „
4,5 „	„	J	„	7,0 „	„ „	= 31,50 „
12,2 „	„	K	„	5,5 „	„ „	= 67,10 „
20,5 „	„	L	„	2,5 „	„ „	= 51,25 „
26,8 „	„	M	„	2,8 „	„ „	= 46,81 „
19,5 „	„	N	„	1,0 „	„ „	= 19,45 „
4,0 „	„	N		minderwertig		= 2,00 „
89,3 kg	im Werte von	....				236,71 M.

Der Abfall betrug 810,7 kg. Es sind also nur 9,7% des Glimmers gebrauchsfähiger Anteil bei einem Durchschnittswert von 2,65 M./kg des letzteren. Auf den unbearbeiteten Rohglimmer bezogen, ergäbe sich also, daß in 1 kg unverarbeitetem Rohglimmer für 0,26 M. Verkaufsglimmer enthalten sind. Da Guillemain die Gewinnungs-

und Transportkosten auf etwa 0,42 M./kg schätzte, wäre hiernach eine wirtschaftliche Gewinnung nicht möglich.

Ein günstigeres Ergebnis ist bei der Bearbeitung einer kleinen Menge Rohglimmer zu rechtwinklig beschnittenen Tafeln erzielt worden, die in der Jaroslawschen Glimmerwarenfabrik Berlin vorgenommen worden ist. Allerdings scheint die Probe wohl etwas besser als der Durchschnitt gewesen zu sein.

Aus 17,35 kg Rohglimmer wurden 1,95 kg = 11% des Glanzes an Platten erhalten. Aus dem Abfall wäre wohl noch einiges Material für Micanit zu erlangen.

Von den Platten waren:

0,41 kg	Größe	I	zu	10,00 M.	das kg =	4,10 M.
0,35 „	„	II	„	7,00 „	„ „ =	2,45 „
0,43 „	„	III	„	6,00 „	„ „ =	2,58 „
0,58 „	„	IV	„	3,00 „	„ „ =	1,74 „
0,18 „	„	V	„	1,00 „	„ „ =	0,18 „
1,95 kg im Werte von					....	11,05 M.

Der Durchschnittspreis eines kg der fertigen Tafeln ist hiernach 5,66 M.

In 1 kg Rohglimmer stecken also für 0,63 M. Verkaufsglimmer. Demnach wäre unter diesen Umständen selbst bei einer Verarbeitung des Glimmers in Deutschland noch mit einem Gewinn zu rechnen.

Über die Ausdehnung der Lagerstätte läßt sich noch nichts sagen. Der Transport von Esudan bzw. Bakumba nach der Küste müßte durch Träger erfolgen. Die Entfernung bis zur Küste beträgt etwa 150 km. Mann hält die von Guillemain angegebenen Unkosten für reichlich hoch. Sie dürften sich nach ihm bei einem geregelten Betrieb wohl auf die Hälfte senken lassen. Auf den Trägertransport bis zur Küste (2,50 M./Last) würden hierbei je Kilo 0,10 M., auf den Dampfertransport 0,05 M./kg entfallen. Die reinen Gewinnungskosten betrugen nach Guillemain 0,27 M./kg, doch hatte er ungelernte Arbeiter zur Verfügung, so daß sich auch hier die Unkosten vermindern ließen.

Vorläufig erscheint aber die genauere Untersuchung des Vorkommens mittels Stollen als das Wichtigste. Diese Untersuchungen wären verhältnismäßig einfach durchzuführen, da der Bergabhang sehr steil ist.

Nach Mann dürfte es sich empfehlen, die Rohprodukte mittels Drahtseilbahn oder eines Bremsberges in das Makokomatal zu befördern und sie dort aufzubereiten, da dort hinreichende Wasserkraft zur Verfügung steht. An sonstigen Einrichtungen brauchte man dann außer des Bremsberges oder einer Drahtseilbahn nur noch die Glimmerschneidemaschinen.

Außer bei Esudan wurde die Gewinnung des Glimmers im Dualabezirk zur deutschen Zeit noch an zwei weiteren Stellen versucht: Nahe dem Dorfe Behudi in der Landschaft Ndogmbang und bei Woe Matum in der Landschaft Ndogmbiakat.

Bei Behudi zieht sich ein flachwelliges Hügelland von Japoma bis in die Gegend von Barundi. Hier beginnt der schroffe Abfall. Wahre Blockmeere bedecken die Wege. Das vorherrschende Gestein ist ein mittel- bis feinkörniger Gneis. Übergänge in einen feinkörnigen Granit sind häufig. Es ist meist ein hellfarbiger Biotit- oder Zweiglimmergranit. Hornblende führende Abarten sind selten. Viele Pegmatite durchqueren sowohl den Granit, als auch den Gneis. Sie führen alle Glimmer. Auf den meisten ist aber die Glimmerführung nur eine unbedeutende. Daneben kommen auch Quarzgänge von größerer oder geringerer Mächtigkeit vor. Bisher konnte jedoch noch kein wirtschaftlich wichtiges Glimmervorkommen gefunden werden. Bei Behudi selbst befindet sich etwa 1 km westlich dieser kleinen Ortschaft und 40 km von Mbo entfernt ein Schurfpunkt eines Handelshauses aus Duala. Ein 5 m tiefer, 4 m breiter und 4 m langer Schurfgraben erschloß einen etwa 1,25 m mächtigen Pegmatitgang, dessen Nebengestein von Biotitgneis gebildet wird. Das Streichen ist NW, das Einfallen 50° W. Der Gang ist stark zerquetscht und stellenweise sehr reich an Granat. Die glimmerführende Partie ist 40—50 cm mächtig. Die übrige Gangmasse besteht aus einem weißen bis schwach gelblich gefärbten Feldspat und aus Quarz. Der Glimmer bildet unregelmäßige Nester in der Gangmasse. Die Nester sind im Durchschnitt 20—25 cm groß. Der Glimmer ist noch mit anderen Mineralien verwachsen, so daß sich keine guten Tafeln herauslösen ließen. Die größten Tafeln besaßen bei einer Dicke von etwa 1 cm Abmessungen von 10 × 10 cm. Der Glimmer selbst ist hell, rein und gut spaltbar.

Bei Woe Matum ist der Glimmer in einer tiefen Schlucht erschlossen gewesen. Es handelt sich um einen etwa 2 m mächtigen Pegmatitgang, der im Gneis senkrecht einfällt. Der Glimmer kam auch hier nur in 1 cm dicken und etwa 10 × 12 cm großen Tafeln vor, war aber gleichfalls von sehr guter Qualität. Der Fundpunkt liegt etwa 3 Tagemärsche von Dibamba entfernt.

Der französische Minendienst stellte verschiedene Vorkommen in der großen Pegmatitzone Dschang-Akonolinga fest. Hauptsächlich folgende Punkte sind erwähnenswert: Lu und Efog am Nachtigallfall des Sanaga, nahe bei Somo in der Gegend von Bafia-Ndikiminiki, südöstlich von Dschang, auf dem Wege Jaunde-Akonolinga, auf dem Pfad Bafia-Babimki, 42 km von Bafia entfernt, und in der Nähe der Bonogo- und Okledi-Ngindima-Berge. Überall fand man Pegmatite, die neben sehr viel Quarz auch erhebliche Mengen an Glimmer führen.

Alle diese Vorkommen liegen in einer SO—NW gerichteten, etwa 300 km langen Zone. Verlängert man z. B. das Streichen der Pegmatite von Jaunde-Akonolinga, so gelangt man nach Lu und von hier zum Sanaga, wo überall die Mineralisation in der gleichen Richtung verläuft. Dann folgt das Vorkommen auf dem Wege Bafia-Ndikiminiki, der selbst über und über mit glitzerndem Glimmer bedeckt ist, und schließlich gelangt man zu dem Vorkommen bei Dschang, wo in der Nähe von Bana ziemlich großer Glimmer vorkommt.

Der Glimmer bildet auf allen diesen Lagerstätten an der Oberfläche Tafeln bis zu 13 cm Durchmesser und ist sehr rein. Weiter südöstlich des Pfades Balum-Bansoa in der SO-Ecke der Glimmerpegmetitzone verschwindet der Muskovit und macht pyrit- und kupferführenden Gängen Platz.

Das Glimmervorkommen von Lu liegt etwa 10—12 km nordwestlich von diesem Ort und bildet einen Hügel, der aus stark zersetzten Pegmatiten mit viel Muskovit besteht. Der Muskovit bildet Nester im Quarz. Die Tafeln sind 1—5 cm dick bei einer Größe von 15 × 20 cm. Es handelt sich um mehrere parallel streichende Pegmatite, die etwa 1,5—2 m mächtig sind. Die Umgebung von Lu setzt sich aus Gneisen zusammen, die extrem reich an Granat sind. Außerdem führen sie reichlich Muskovitlamellen und Chlorit. Neben den Gneisen nehmen auch Glimmerschiefer und Granulite am Aufbau des Gebietes Teil.

3. Graphit

Graphit findet sich an mehreren Stellen als Bestandteil von Graphitschiefern, ferner in Nestern und Taschen einiger Gneise. Im wesentlichen handelt es sich um Graphitschiefer, die im Jungalgonkium des Lomgebietes auftreten. Von hier zieht sich die etwa O—W streichende Zone nach Neu-Kamerun hinüber, wo die besser bekannten Vorkommen liegen. Alle aber haben vorläufig keine wirtschaftliche Bedeutung. Kleinere Fundpunkte kennt man von Deng-Deng, Betare Oja und Meiganga.

Etwas Graphit kommt auch am Oberlauf des Ebo, auf dem Pfad Jabassi-Ndikiminiki vor. Er findet sich hier in kleinen Nestern und Adern in einem stark zersetzten Gneis.

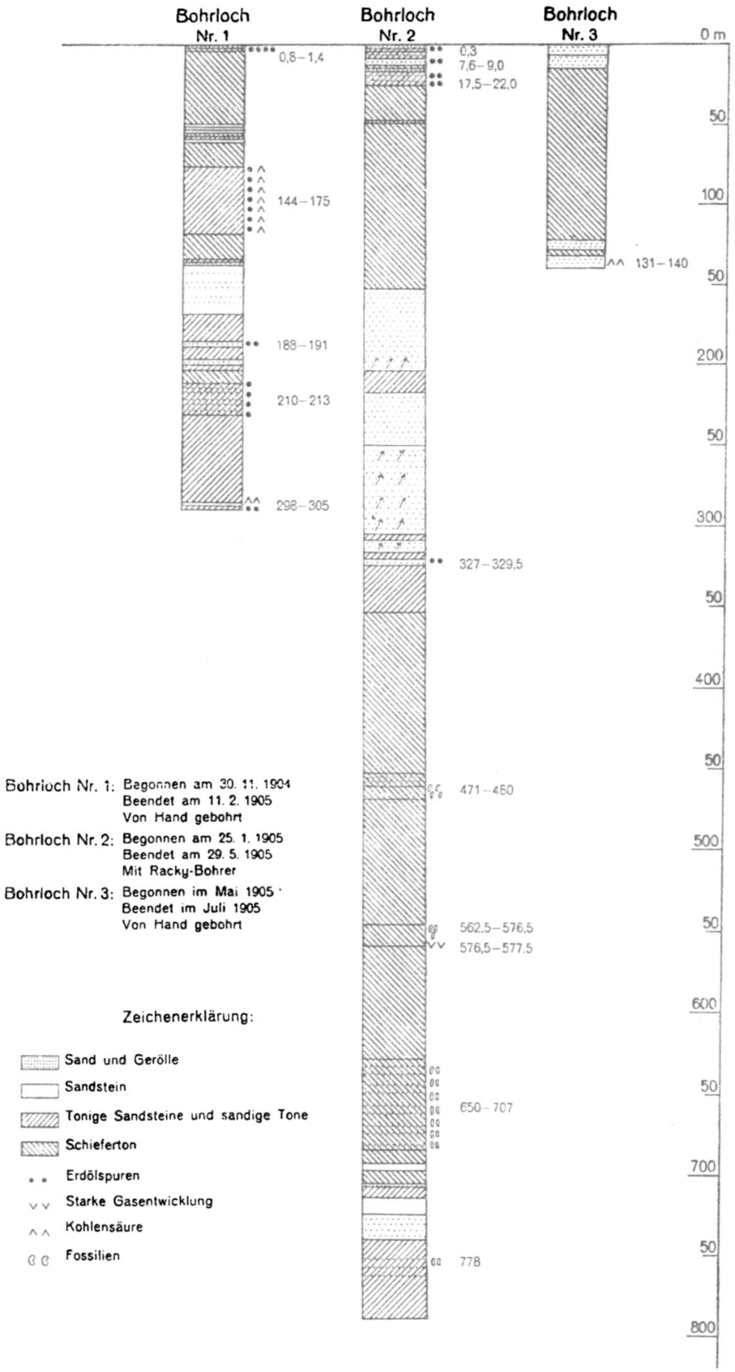

Abb. 9. Profile der Tiefbohrungen von Logobaba bei Duala.
Ausgeführt von der Firma I. B. G. Erkelenz im Auftrage der Kamerun-Bergwerks-A.-G.

Verlag Walter de Gruyter & Co., Berlin W 35
Deko XI. Zu Bürg, Die nutzbaren Minerallagerstätten von Kamerun und Togo

4. Schwefel

Wirtschaftlich unwichtige Schwefelvorkommen kennt man vom Kamerunberg. Schwefel soll hier in „größeren Lagern" vorkommen. Er findet sich in einer heißen, Rauch ausstoßenden, weiß und rot gefärbten, schlammigen Schicht, welche aus Gips und Ton besteht. Die Temperatur dieser Masse beträgt in einer Tiefe von $^1/_2$ m 50° C. Nach all dem ist der Schwefel an eine noch tätige Solfatare gebunden. Er bildet kartoffelgroße Knollen von rötlichgelber Farbe und ist frei von Selen.

5. Salze

Von großer Wichtigkeit für die Kolonie ist das Vorkommen von Salz im Ossidinge-Bezirk, nahe an der nigerischen Grenze und am Kreuzfluß. Es treten dort zahlreiche Solquellen zutage, aus denen die Eingeborenen schon seit Urzeiten Salz gewonnen haben. Es gehörte im Hinterland zu den begehrtesten Tausch- und Zahlungsartikeln. Wichtige Solquellen liegen bei Ajiwawa, Ewinsi, Nkimedschi und Mbakan. Sämtliche Quellen entspringen nahe dem Rande der Basaltbedeckung der Sandsteine. Bei Ewinsi liegt die Quelle tief im Flußtal am linken Ufer des in den Sandstein eingeschnittenen Akula. Die Quelle von Ajiwawa liegt am rechten Ufer des Akulajib, die von Nkimedschi und Mbakam am Ufer des Babake.

Die aus der Quelle von Ajiwawa entnommenen Proben ergaben nach Guillemain folgende Analysenergebnisse:

	1 g/l	2 g/l	3 g/l
SiO_2	0,023	0,060	0,651
Fe_2O_3 und Al_2O_3	Sp	Sp	0,192
CaO	0,069	0,113	0,489
MgO	0,076	0,107	0,530
K_2O	0,154	0,157	2,853
Na_2O	15,580	15,184	111,380
Cl	17,620	17,750	129,149
CO_2	0,206	0,424	1,350
H_2SO_4	Sp	Sp	Sp
J und Br	n. v.	n. v.	n. v.
Rückstand	29,562	29,962	214,988

1 = Probe von Guillemain selbst entnommen, 2 = Probe von den Eingeborenen geschöpft, 3 = Gehalt von 100 l Sole (Mutterlauge).

Umgerechnet ergeben diese Werte für die Analyse 1 einen NaCl-Gehalt von 28,95%. Damit erhält man rund 6 Gewichtsprozente Salz in der Sole.

Das abgedampfte Salz enthielt folgende Bestandteile:

In HCl unlöslich	0,13%
SiO_2	0,06%
Fe_2O_3 und Al_2O_3	0,14%
CaO	0,22%
MgO	0,26%
K_2O	0,48%
Na_2O	52,37%
Cl	59,37%
CO_2	0,12%
H_2SO_4	Sp
	115,15%

Feuchtigkeit bei 105° C: 0,08. J und Br nicht nachweisbar. Der NaCl-Gehalt beträgt demnach 99,85%.

Die primären Salzablagerungen kann man nach Guillemain mit großer Wahrscheinlichkeit in den liegenden Schichten der später bei Mamfe und auf dem rechten Kreuzfluß-Ufer bei Kescham und Ajang aufgefundenen bituminösen Schiefer vermuten. Die Solen sind deutlich an tektonische Linien gebunden und stehen an einzelnen Stellen wohl mit den jüngeren Basaltausbrüchen im Zusammenhang. Auffallend ist das Fehlen von Solquellen auf dem rechten Ufer des Kreuzflusses, trotzdem auch hier jüngere Verwerfungen und andere tektonische Beeinflussungen nicht selten sind und es sich doch um ein größeres zusammenhängendes Sandsteingebiet handelt. Da die Solquellen auch im tektonisch stark veränderten Baligebiet fehlen, wird man vielleicht daraus auf eine Beschränkung des Vorhandenseins der liegenden salzführenden Schichten und Sandsteine auf ein kleineres, etwa östlich bis Mamfe reichendes Sedimentärbecken schließen können.

Die Solquellen an den Cross-Fällen wurden von der Nordwest Kamerun-Gesellschaft schon im Jahre 1899 untersucht. Eine Analyse des eingetrockneten Salzes ergab:

H_2O	5,48%
NaCl	91,14%
$NaCO_3$	0,20%
Fe_2O_3	0,24%
$CaCO_3$	0,46%
$MgCO_3$	1,82%
Sand und Ton	0,43%
Organische Substanz	0,12%
	99,89%

Die Sole enthielt je Liter:

Gesamtrückstand	4,772 g
NaCl	4,375 g
Magnesia	0,0442 g
Kalk	0,0167 g
$NaCO_2$	0,0746 g

Bedeutende Salzquellen liegen auch nordöstlich von Banjo. Vor dem Weltkriege wurde die Hauptquelle bei Galim ausgebaut, so daß täglich tausende von Rindern, die von weither herangetrieben wurden, getränkt werden konnten. Schließlich scheidet sich Salz in der Trockenzeit auch an den Ufern des Tschadsees aus. Es handelt sich um ein Gemenge von Thenardit (Natriumsulfat), Trona, eine dem Natriumcarbonat ähnliche Soda und Kochsalz. Die Soda hat früher im Eingeborenenhandel eine erhebliche Rolle gespielt und wurde von den Haussa-Händlern bis an die Küste Kameruns verkauft.

6. Kohle

Kamerun wird voraussichtlich immer ein kohlenarmes Land bleiben, denn es ist anzunehmen, daß Erosion und Denudation die einst vermutlich vom nigerischen Gebiet herüberstreichenden tertiären Kohlen größtenteils zerstört haben. Das einzige nennenswerte Vorkommen sind die Braunkohlen im Becken von Dschang im Westen Kameruns.

Die Schichten im Becken von Dschang sind horizontal gelagert. Die Schichtenfolge besteht aus Sanden, Schottern, Tonen und zwei Kohlenflözen. In den oberen Schichten kommt ein etwa 80 cm mächtiges Braunkohlenflöz vor. Das Hangende ist so innig mit der Braunkohle vermengt, daß es sich wohl zum Teil zum Mitgewinnen und eventuellem Abdestillieren eignen würde. Die Basis dieser Schichtenserie scheint kein Bitumen zu führen. Sie wurde durch Bohrungen in einer Tiefe von etwa 10 m festgestellt. Mit diesen Bohrungen hatte man gleichzeitig ein zweites Flöz von 0,90 m Mächtigkeit nachgewiesen.

Das Becken von Dschang wird von Gneisgraniten umschlossen. Seine größte Ausdehnung beträgt 2,3 km in der Querrichtung zum Streichen der Gneisgranite. Wie weit sich das Becken in streichender Richtung ausdehnt, konnte noch nicht festgestellt werden.

Die Braunkohle ist lacustren Ursprunges und besitzt tertiäres Alter. Sie ist älter als die dortigen Basalte. Die an der Universität Lille durchgeführten Analysen ergaben folgende Werte:

	1 %	2 %	3 %	4 %
Feuchtigkeit	11,15	8,07	16,60	21,12
Flüchtige Bestandteile	19,37	14,60	17,70	33,36
Asche	75,05	81,65	73,72	32,71
C	5,55	3,75	8,58	33,39
S	Sp	Sp	Sp	Sp

Die Analysenwerte sind nach Abzug der Feuchtigkeit auf das Trockenmaterial umgerechnet.

Die Verkokung bei niederer Temperatur ergab:

Öl	2—3 kg/t	2—3 kg/t	12—14 kg/t	20—22 kg/t
Ammoniak[1])	150 l/t	125 l/t	180 l/t	166 l/t
Gas[2])			115 cbm/t	188 cbm/t

Der Aschengehalt ist also sehr hoch und die Kohle ist minderwertig. Weitere Kohlenfunde wurden bei Banjo, am Kreuzfluß und zwischen Dagan und Hossere im Bezirk Garua gemacht. Hier fand Edlinger zwischen den Flüssen Dägong, Ma Bodo und Mai Leinde Kohlen in bunten Mergeln und Schiefern. Es handelt sich aber um nichtabbauwürdige Mengen. Am Dägongbach ist die kohleführende Schicht bis 10 cm mächtig und tritt in einem blaugrauen Schiefer auf.

7. Erdöl

Erdöl tritt an mehreren Stellen in der Umgebung des Dorfes Logobaba, etwa 8 km östlich von Duala auf Wassertümpeln in kleinen Mengen frei zutage. Ferner fand man, ebenfalls schon zur deutschen Zeit, Spuren von Erdöl bei Mbomano-Mbenge, etwa 15 km nordwestlich von Duala in der Nähe des Bomono-Creek. Später wurden noch Erdölausbisse bei N'Sepe, auf dem rechten Ufer des Sanaga, in der Höhe des Zusammenflusses mit dem M'Boli, bei Susa, N'Gombe und Williamsdorf festgestellt.

Bei N'Sepe kennt man in einem Bachlauf einen Ölausbiß, der sich in einem in blauen Ton übergehenden Sandstein befindet. Es ist ein sehr viskoses Erdöl. Susa liegt an der Eisenbahnlinie Duala-Jaunde und die Ölausbisse sind 2,5 km davon entfernt. In der Umgebung von N'Gombe tritt das Erdöl längs einer nordwestlich streichenden Verwerfung einige Kilometer südöstlich von der Niederlassung zutage. Das Erdöl ist dunkel gefärbt, viskos, asphaltführend und kommt sowohl im Sandstein, als auch im Kalkstein und in den Konglomeraten vor. Williamsdorf liegt im englischen Mandatsgebiet, in dem man außerdem Ölspuren nordwestlich von Ischiago meldete. Das Öl scheint hier an Kalkstein gebunden zu sein und tritt gleichfalls an dessen Verwerfung mit dem Eozän zutage.

Im eigentlichen Becken von Kamerun kennt man keine bituminösen Schiefer. Sie kommen aber nördlich und südlich des Beckens vor. Im Süden findet man sie in Französisch-Äquatorial-Afrika und Spanisch-Guinea. Auf dem Kameruner Gebiet treten bituminöse

[1]) Entsprechend einem NH_3-Gehalt je Liter von 0,80, 0,60, 2,60 und 0,50.

[2]) Nicht gewaschen.

Schiefer nördlich von Kampo, aber schon außerhalb des Beckens auf. Es handelt sich hier um schwarze kompakte Schiefer mit 150 kg Öl/t, die als Fortsetzung der Vorkommen von Spanisch-Guinea betrachtet werden können. Im Norden findet man Ölschiefer bei Mamfe im Kreuzflußtal. Sämtliche Ölschiefer gehören der Kreideformation an und nehmen hier ziemlich tiefliegende Horizonte ein. In den Gebieten der Ölschiefer am Kreuzfluß hat man englischerseits drei Tiefbohrungen niedergebracht, von denen aber nur eine Erdgas und Ölspuren erschlossen hatte.

In Logobaba wurden zunächst mehrere Proben Öl entnommen und der Geologischen Landesanstalt in Berlin zur Untersuchung eingesandt. Diese lieferte recht befriedigende Ergebnisse. Daraufhin wurde die schon erwähnte Kamerun Bergwerks-Aktiengesellschaft gegründet, die im Jahre 1904 eine Bohrkolonne nach Kamerun sandte und den Bezirksgeologen Dr. Monke für die Überprüfung der Ergebnisse gewann. Es wurden in den Jahren 1904 und 1905 drei Bohrungen durchgeführt, von denen die eine 140 m die zweite 305 m und die dritte 800 m Tiefe erreichte. Auch die tiefste Bohrung hatte das Schwemmland noch nicht durchteuft. Sie mußte aber wegen unüberwindlicher technischer Betriebsstörungen aufgegeben werden.

Bei der 800 m tiefen Bohrung von Logobaba wurde Öl nur in außerordentlich geringen Mengen angetroffen. Am ergiebigsten waren die 2—3 m mächtigen Oberflächensande und darunter noch einmal eine Kieslage in einer Tiefe von 7,6 m. In größerer Tiefe kehrte Öl nur in Spuren an der Grenze von liegendem Sand und hangendem Dachton in einigen Fällen wieder. Brennbare Gase und reichlich kohlensäurehaltiges Wasser wurden vereinzelt angefahren.

Das Profil der drei durch die Kamerun Bergwerks-Aktiengesellschaft durchgeführten Bohrungen ist in Abb. 9 wiedergegeben. Bohrloch I wurde am 30. 11. 1904 begonnen und am 11. 2. 1905 wieder aufgegeben. Es wurde von Hand gebohrt. Am Bohrloch II arbeitete man vom 25. 1. 1905 bis zum 29. 5. 1905 mit einem Raky-Bohrer und das Bohrloch III wurde wiederum von Hand gebohrt. Die Gesteinsproben sind leider verloren gegangen. Bohrloch II kann man so interpretieren, daß bis zu einer Tiefe von etwa 360 m die Gesteine aus dem Posteozän stammen. Dann folgt das Eozän, in dem man Fossile bei 471—480 m, 562—576 m und 650—707 m fand.

Somit blieben die deutschen Bohrungen erfolglos, was nicht weiter verwundert, wenn man bedenkt, daß sie ohne genaue Kenntnis des geologischen Ausbaues des Küstengebietes angesetzt waren. Nach dem ersten Weltkriege sind diese Arbeiten lange nicht wieder aufgenommen worden. Die ersten Untersuchungen von französischer Seite wurden durch Bernouilli im Jahre 1926 vorgenommen. Anschließend erfolgten 1930 die Untersuchungen von Koretzky, 1931/32 geophysikalische Prospektionen im Auftrage der französischen Mandatsregierung und 1933 die Studien von Haas. Erst 1934 ist man nach französischen Mitteilungen fündig geworden, doch scheint man nur ganz unerhebliche Ölmengen erschlossen zu haben, da es alsbald wieder still um das Öl von Logobaba wurde. Anscheinend hat aber die gesteigerte wehrwirtschaftliche Bedeutung des Erdöls zusammen mit der allgemeinen Aufrüstung und dem Streben nach Kriegswirtschaftsfreiheit auch die Ölsuche in Kamerun wieder neu belebt. Nach den letzten Mandatsberichten kann man annehmen, daß die Schürfungen auf Kohlenwasserstoffe wieder aufgenommen wurden. Außerdem wurde ein besonderer Studienausschuß eingesetzt, der planmäßige Ölbohrungen vorbereiten sollte.

Als Hauptерschwernis für derartige Untersuchungen muß die Tatsache betrachtet werden, daß man von der gesamten Küste und vor allem von der erdölhöffigen Gegend noch keine genauen geologischen Unterlagen besitzt. Die geologischen Arbeiten wurden hier durch den Urwaldbestand und vor allem durch das Fehlen von genauen topographischen Unterlagen sehr erschwert. Da das von der Regierung reservierte Gebiet eine Größe von 6430 qkm besitzt, wäre zunächst viel Zeit erforderlich, um diese topographischen Karten aufzunehmen. Sodann könnte man, zumindest an den wichtigsten Punkten, geologische Kartierungen vornehmen, und erst dann hätte man Anhaltspunkte für den Ansatz von geophysikalischen Untersuchungen, die unbedingt notwendig sind, wenn man die Bohrungen an den günstigsten Punkten niederbringen will.

Ohne diese Unterlagen bleiben alle Ansätze unsicher und alle Theorien spekulativ. Jedenfalls scheinen die deutschen Bohrungen nicht an den günstigsten Stellen niedergebracht worden zu sein; denn man kann die Gesteine, die beim Bohren an die Oberfläche gebracht wurden, kaum als Ölspeichergesteine bezeichnen. Diese müssen vielmehr nach dem, was wir bis heute wissen, noch tiefer liegen. Von Wichtigkeit ist, daß man in einer Tiefe von ca. 650 m Gesteine mit reichlicherer Fossilführung fand. Diese Gesteine müßte man nun unter günstigeren Verhältnissen feststellen.

Das erdölhöffige Gebiet an der Südküste Kameruns stellt in großen Zügen einen unregelmäßigen Halbkreis mit einem Radius von etwa 50 km dar, dessen Zentrum bei Duala liegt. Stratigraphisch setzt sich dieser Küstenstreifen aus zahlreichen Schichten zusammen, deren Mannigfaltigkeit durch einen häufigen Wechsel der Sedimentationsverhältnisse bedingt ist. Dementsprechend findet man:

1. Ablagerungen des Meeres oder eines Golfes in Form von Küstensedimenten.
2. Ablagerungen der alten Strandbildungen.
3. Sumpfbildungen.
4. Flußablagerungen.
5. Vulkanische Aschen.

Die normale Schichtenfolge ist von oben nach unten etwa die folgende:

1. Quarzitische Sande von weißer oder rötlicher Färbung.
2. Dünnplattige Sandsteine, reich an Eisenoxyd, das ihnen eine rötliche Färbung verleiht.
3. Tonige Sande, sehr reich an Kaolin, Mächtigkeit etwa 50 m.
4. Konglomerate, bestehend aus Geröllen von Quarz, Gneis und Granit, wozu noch stellenweise basaltische und andesitische Gesteine kommen. Im allgemeinen ist das Material gut abgerundet und durch ein feinkörniges lateritisches Bindemittel verkittet. Guillemain nennt diese Ablagerungen „Konglomerat von Dibongo".
5. Dunkelblauer Sandstein.
6. Brauner bis dunkelbrauner Ton von 15—20 m Mächtigkeit.
7. Tonschiefer, gelegentlich stark sandig ausgebildet. Seine Farbe wechselt zwischen Hellgrau und Hellbraun bis Dunkelbraun.
8. Blaue bis grünlich-blaue Tone, gelegentlich mit Spuren von Fossilien.
9. Ablagerungen, die vornehmlich aus abgerollten Quarzstücken bestehen.

Hinzu kommen noch vier tiefere Horizonte, die man aber bisher nur am Wuri beobachten konnte.

Die Neigung der Schichten ist verschieden. Sie variiert zwischen 30—35^0 nach NO bis zu horizontaler Lagerung. Ihre genaue Altersbestimmung ist mangels Fossilien nicht möglich. Nach Oppenheim werden sie dem nummulitischen System (Oligozän-Eozän-Paleozän) eingeordnet. Kreide wurde außer am Mungo einwandfrei noch nicht festgestellt. Manche Autoren nehmen an, daß sie im Becken von Duala etwa 1000—1500 m lief liegen müßte. Im Gegensatz dazu steht die Ansicht Krenkels, der glaubt, daß mit dem Bohrloch von 800 m Tiefe auch ältere Schichten (Kreide?) erreicht wurden. Von Interesse ist in diesem Zusammenhang, daß auf der Insel Fernando Poo Erdöl unter den gleichen Umständen auftritt.

Die tektonischen Verhältnisse sind recht kompliziert.

Die Untersuchungen der französischen Geologen, vor allem diejenigen von Koretzky, führten zur hypothetischen Annahme einer Antiklinale, die er durch die Anordnung der Ausbisse gekennzeichnet sehen will. Von diesen sind am wichtigsten die Asphaltspuren von N'sepe am Sanaga. Flüssiges Petroleum fand man am rechten Ufer des Dibamba im Bereiche von Logobaba und schließlich Spuren davon in Duala selbst. Eine zweite Antiklinale nimmt Koretzky einer Linie entlang an, die von Dizange am Sanaga durch Banbu und einem Punkt zwischen den Dörfern Bonengando und Bonadume am Wuri geht. Wenn man nach ihm voraussetzen würde, daß sich das Petroleum in den jungen Bildungen (Quartär — Pliozän) findet, so könnte es nur in einer Tiefe von wenigen 100 m sitzen und die Untersuchungen wären nördlich und südich des Wuri, zwischen Duala und dem Oberlauf des Mungo und des Abo im Norden des Wuri durchzuführen. Diese Annahme ist aber unwahrscheinlich, da man dann mehr und reichere Ausbisse finden müßte, was nicht der Fall ist. Die chemischen Analysen des Erdöls zeigen vielmehr, daß das Erdöl von Logobaba einen weiten Weg zurückgelegt und durch das Durchwandern bestimmter Schichten eine natürliche „Raffinierung" durchgemacht hat. Koretzky nimmt deshalb an, daß die eigentlichen Ölspeicherschichten in der Kreide, in der man undurchlässige Schichten gefunden hat, zu suchen sind. Wenn dem so ist, dann müßte man die Antiklinale Bambu-Bonangando in der Tiefe durch geophysikalische Prospektion feststellen können.

Die geophysikalischen Untersuchungen, die am Oberlauf des Dibamba durchgeführt wurden, ergaben zunächst ganz entgegengesetzte Resultate als diejenigen, die man nach den Ausführungen von Koretzky und Bernouilli erwarten müßte. Es ist dabei allerdings zu bedenken, daß die geophysikalischen Untersuchungen in denkbar schneller Zeit — im ganzen in etwa 4 Monaten — und unter den primitivsten und ungünstigsten Verhältnissen durchgeführt wurden.

Die letzten geologischen Untersuchungen stammen von de Vries. Nach ihm baut sich das sedimentäre Becken von Kamerun stratigraphisch folgendermaßen auf (Abb. 10):

Quartär		Alluvionen der Flüsse, marine Dünen
Tertiär	Pliozän (?) Serie de Pitti	Sande und Tone, toniger Sandstein, ohne Fossilien.
	Eozän Serie de Bonangando (Lutétien)	Blaue tonige Sandsteine, Ton und Mergel, Schiefer, fossilführend.
Mesozoikum ...	Kreide (Senon) Mungoserie Logbadjekserie	Sandstein, Kalkstein, Mergel, Schiefer u. a., fossilführend.

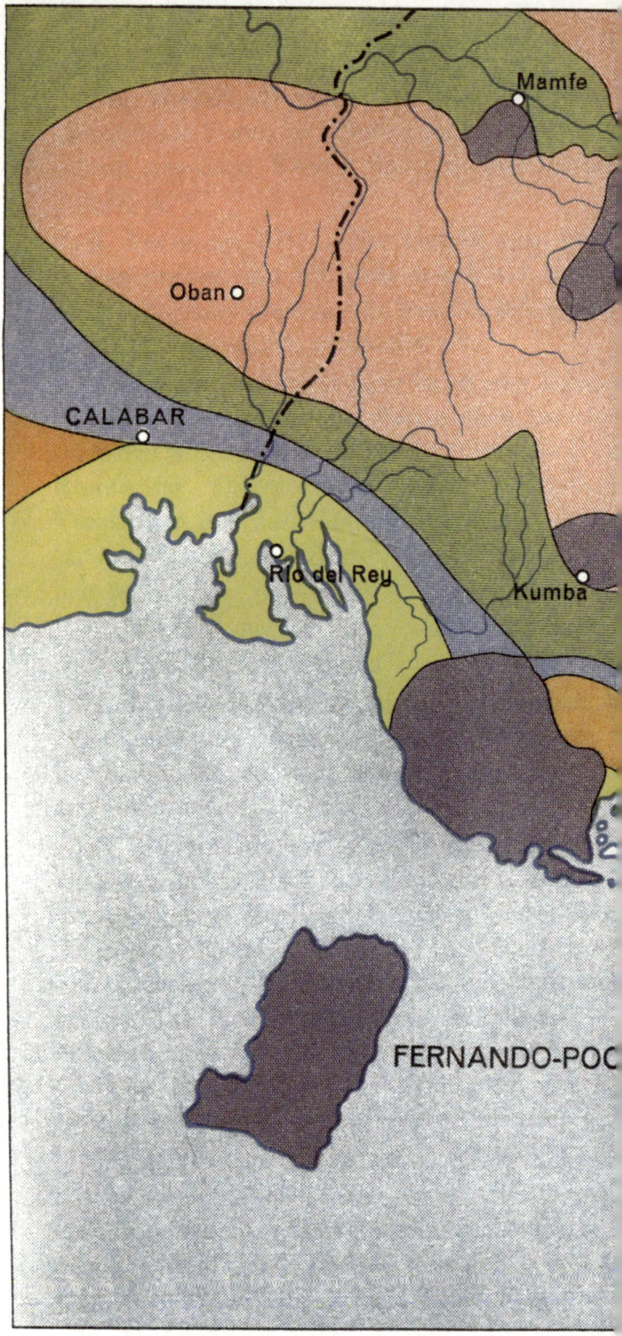

Geologische S

„Deko XI zu Bürg, Minerallagerstätten Kamerun und Togo“.
Hergestellt im Reichsamt für Landesaufnahme, Berlin 1942.
Verlag Walter de Gruyter, Berlin W 35.

Abb. 10

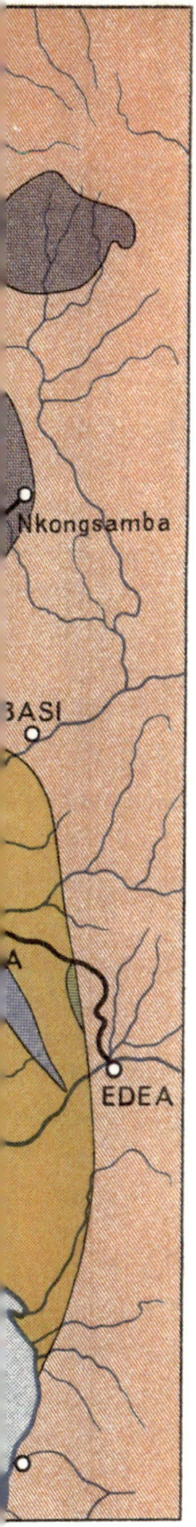

Maßstab 1:2000000

0 20 40 60 80 100 km

Zeichenerklärung:

- Quartär
- Pliozän
- Eozän
- Kreide
- Vulkanische Gesteine
- Grundgebirge

Sedimentär-Beckens

nzone

de Vries

Das Becken ist vom kristallinen Urgebirge im Osten und vom Atlantischen Ozean im Westen begrenzt. Bewegt man sich vom Urgebirge aus nach Westen, so trifft man nacheinander auf folgende Schichten:

1. Serie de Pitti. Sie besteht aus Sandsteinen oder mächtigeren Sanden, die oft tonig ausgebildet sind und gelegentlich von Kalken begleitet werden. Sie besitzen keine gute Horizontierung und gehen oft unmerklich ineinander über.

2. Westlich von dieser Zone findet man Ablagerungen, die NW—SO streichen und aus tonigen Sandsteinen bestehen. Sie bilden einen schmalen Streifen und stellen die Serie de Bonangando, also das Eozän dar. Dieser eozäne Korridor stellt im NW des Beckens die Verbindung mit dem Sedimentärbecken von Nigerien her, wodurch im wesentlichen eine Korrelation der Schichten beider Becken möglich ist.

3. Westlich des schmalen Streifens der Serie de Bonangando folgt wieder die Serie de Pitti.

4. Der Küstenstreifen wird hauptsächlich durch quartäre Ablagerungen eingenommen. Eine Ausnahme bieten nur die Gebiete des Mungo und um Logbadjek, wo Kreideschichten anzutreffen sind.

5. Die Kreide am Mungo wurde bereits von den deutschen Geologen gut studiert. Riedel konnte in neuester Zeit einwandfrei feststellen, daß die Kreideschichten Kameruns zum Senon gehören. Sie bestehen zum größten Teil aus Sandsteinen, denen Kalksteine zwischengelagert sind, die zum Teil mit Mergel und Schiefern wechsellagern. Die Kreideschichten fallen mit 3—10 Grad nach SW ein und sind nur leicht gefaltet. Auch konnte man eine Anzahl von Verwerfungen beobachten. Die Mächtigkeit der Kreide wird auf etwa 1500 m geschätzt.

Damit besitzen die ältesten, bisher bekannten Kreideschichten des Kameruner Beckens ein senones Alter, wogegen man aus Nigerien und Französisch-Äquatorialafrika auch Ablagerungen aus dem Alb kennt. Die in den Schichten von Mungo und Logbadjek enthaltene Fauna ähnelt derjenigen der „Upper Shales" in Nigerien; auch besteht die Möglichkeit, daß die diskordant auf der Kalksteinserie von Logbadjek ruhenden Schichten dem „Carbonanceous and Pebbly Sandstones" Nigeriens entsprechen. De Vries nimmt deshalb folgende schematische Korrelation zwischen den Schichten der Becken von Nigerien und Kamerun vor:

	Nigerien	Kamerun
Pliozän	Benin Sands	Série de Pitti
Eozän	Lignitic Group Bende-Ameki Group Carbonanceous and Pebbly Sandstone	Couches à lignit Série de Bonangando Konglomerat
Kreide	Upper Sandstone Coal Measures Upper shales Lower shales (Alb)	? ? Fossilführender Kalkstein vom Mungo und Logbadjek (Senon)

Auf Grund dieser Korrelation ist anzunehmen, daß auch in Kamerun die Basis nicht vom Senon, sondern mutmaßlich vom Alb gebildet wird.

Wie bereits erwähnt, sind die tektonischen Verhältnisse recht kompliziert und die tektonischen Vorgänge gehören verschiedenen Epochen an.

Die Transgression des Kreidemeeres wurde durch das Absinken des Urgebirges verursacht, und es scheint an der Grenze beider eine Verwerfung zu bestehen. Gegen Ende der Kreidezeit begann sich das Becken unter gleichzeitiger Bildung von Dislokationen und leichten Faltungen zu heben. Im Tertiär selbst kann man mehrere tektonische Phasen feststellen. Es scheint sich dabei hauptsächlich um vertikale Bewegungen gehandelt zu haben, die ein Netz von Brüchen, die NO und NW streichen, hervorriefen. Nur durch derartige Brüche kann man sich den schmalen Eozänstreifen mitten im Becken entstanden vorstellen. Außerdem tritt das Erdöl entlang einer Verwerfung des Eozäns zutage.

Im ganzen betrachtet bildet das Sedimentärbecken von Kamerun eine Serie von Monoklinalen, die aber durch Lokaltektonik die Bildung von Antiklinalen erlebten.

Das Erdöl von Logobaba ist von hellbrauner Farbe und ziemlich rein. Auf 60—70° erhitzt, entsteht ein leichter Kampfergeruch, wie er für dichtes Erdöl charakteristisch ist. Es hat eine Dichte von 0,886 bei 15°. Seine Viskosität ist sehr hoch und es ist arm an asphaltischen Bestandteilen. Es kann sofort als Schmieröl verwendet werden.

Der Entzündungspunkt liegt bei 68° C, der Verflüchtigungspunkt bei 88° C. Der mittlere Heizwert beträgt 10135 cal. Eine fraktionierte Destillation ergab:

von 65°	bis 150°	....	0,24	Vol-%
„ 150°	„ 170°	....	0,40	„
„ 170°	„ 270°	....	34,00	„
„ 270°	„ 300°	....	10,20	„
„ 300°	„ 330°	....	11,43	„

Der Rückstand beträgt 48,80 Gewichts-% und dieser ergab 1,70% Koks.

Die Quelle von Duala liefert ein ziemlich dünnflüssiges Erdöl. Etwa 4 l je Tag können gewonnen werden. Außerdem strömt auch brennbares und etwas weiter von dieser Quelle unter Druck stehendes, nichtbrennbares Gas aus.

Zu erwähnen wären noch die an Zweischalern reichen Kalksteine von heller bis grauschwarzer, stellenweise rötlicher Farbe, die auf dem Gebiete zwischen Lame und Bibema, besonders in der Gegend des Dorfes Maotja auftreten. Vorwiegend die dunkleren Partien dieser Kalksteine enthalten Bitumen und verbreiten beim Zerschlagen einen starken Erdölgeruch.

Ölschiefer kommen am Kreuzfluß im britischen Mandatsgebiet vor. Man hat hier drei Tiefbohrungen niedergebracht, von denen aber nur eine Erdgas mit Ölspuren erschlossen hat.

Die Zukunftsaussichten für das Erdöl von Kamerun

In Kamerun handelt es sich bisher nur um die Beobachtung von Ausbissen des Erdöls: durch Bohrungen wurden noch keine mächtigen erdölführenden Horizonte erschlossen. Da das Becken, wenn man von jüngeren Ablagerungen, die für eine Ölspeicherung sowieso nicht in Frage kämen, absieht, sehr arm an Ausstrichen von Schichten ist, die für die Erdölprospektion wichtig sein könnten, kann es sich bei der Betrachtung über die Zukunftsaussichten des Erdöls naturgemäß nur darum handeln, die geologischen und tektonischen Vorbedingungen so zu beleuchten, daß man Anhaltspunkte dafür finden kann, ob eine in unerschlossenen tropischen Gegenden sehr kostspielige und umständliche genaue geologische und geophysikalische Prospektion als lohnend erscheint.

Wie aus der geologischen Beschreibung des Beckens hervorgeht, bedecken die Oberfläche fast ausschließlich tertiäre Sedimente, von denen höchstens das Eozän für eine Ölführung in Frage kommen könnte. Aber dieses besteht im allgemeinen aus tonigem Sandstein mit nur geringen Einlagerungen von Mergeln, dolomitischen Sandsteinen und Kalksteinen. Die Schichten des Eozäns haben demnach eine ziemlich homogene Ausbildung und bieten damit nur wenig Möglichkeiten zur Anreicherung des Erdöls. Wie dies ja auch die Bohrung von Logobaba bestätigte, wird man in diesen Schichten vermutlich vergeblich nach Erdöl suchen.

Dagegen kennt man im unteren Teil der Kreideschichten von Mungo mächtige Sandsteine, die von tonigen und schieferigen

Schichten überlagert werden, die als guter Abschluß für eine etwaige Ölführung dienen könnten. Das Studium der stratigraphischen Verhältnisse in Nigerien erlaubt die Annahme, daß die Kreide die ansehnliche Mächtigkeit von etwa 1500 m besitzt. Sie besteht aus Sandstein und Schiefer, die in einem wenig tiefen Meere am Rande einer Geosynklinale abgelagert wurden; denn es handelt sich zum größten Teil um küstennahe und Brackwasserbildungen. Es ist bekannt, daß die detritale Sedimentation am Rande von Meeressenken für die Bildung des Erdöls außerordentlich günstig ist, so daß man in dem „Lower Shales"-Horizont Nigeriens und in seinen stratigraphischen Äquivalenten zunächst die beste Möglichkeit sehen kann, um den Ursprung des Erdöls zu suchen. Das Vorhandensein von Ölschiefern in der Nähe der Basis der Kreide würde diese Annahme nur noch unterstützen.

Auf Grund dieser Erkenntnisse darf man demnach auch in Kamerun die Ölhorizonte nicht im Eozän, sondern in der Kreide suchen.

Vom tektonischen Gesichtspunkte aus müßte die monoklinale Natur der Schichtung zur größten Reserve verpflichten, wenn nicht Verwerfungen die Verhältnisse weitgehend verbessert hätten. Dadurch kann man annehmen, daß Schichten nebeneinander zu liegen kamen, von denen manche die Rolle eines Pfropfens übernehmen konnten. Übereinstimmend damit steht die Beobachtung, daß die meisten Ausbisse dort liegen, wo öldurchlässige Gesteine durch Verwerfungen an undurchlässige stoßen. Damit läge hier ein Erdöltypus vor, wie er z. B. aus Texas und abgesehen von Kolumbien und Venezuela aus Südamerika bekannt ist.

Schließlich wäre noch die Frage zu untersuchen, welchen Einfluß die vulkanische Tätigkeit im Becken auf die Ölführung haben konnte. Man kann voraussetzen, daß dort, wo Vulkanschlote ein Petroleumgebiet durchschlagen, dieses dadurch zerstört und das Erdöl mitgerissen und verdampft wird. In Kamerun ist dies unwahrscheinlich, da die Erdölausbisse ziemlich weit von der Vulkanlinie liegen und es sich außerdem um gasarme basische Ergüsse handelte, die im Nebengestein keine großen Veränderungen hervorgerufen haben. Außerdem kann man — ermutigt durch die Gegenwart von Spuren von Leichtöl bei Logobaba — annehmen, daß selbst dann, wenn ein derartiger Prozeß stattfand, dieser nicht das Endstadium der Umwandlung des Erdöls zu Bitumen oder seine vollkommene Verflüchtigung erreichte.

Neben der zerstörenden Wirkung kann die vulkanische Tätigkeit aber auch eine fördernde haben, indem organische Substanzen durch die Hitze verflüchtigt werden. Eine indirekt fördernde Wirkung kann außerdem dadurch entstehen, daß sich in sonst undurchlässigen Gesteinen Spalten bilden, die für eine Wanderung und Konzentration des Öles günstig sind, und daß sich ferner durch vulkanische Gänge und Schlote Sperren bilden können, die eine Abwanderung des Öles verhindern.

Zusammenfassend kann gesagt werden, daß die geologischen Verhältnisse im Kameruner erdölhöffigen Gebiet — ohne ideal zu sein — nicht ungünstig sind, so daß es sich trotz langwieriger und kostspieliger Arbeiten lohnen muß, weitere Untersuchungen vorzunehmen. Diese müßten sich zunächst auf geologische Bohrungen von 300—400 m Tiefe und auf geophysikalische Untersuchungen erstrecken.

Um einen ungefähren Anhaltspunkt für die Unkosten derartiger Untersuchungen zu haben, sei nachstehend summarisch der Kostenvoranschlag der französischen Geologen für die geologische Voruntersuchung wiedergegeben. Dauer der Untersuchungen: 18 Monate.

Geräte, Verkehrsmittel, Instrumente	600000 Frs.
Transportkosten:	
Bordeaux-Duala (20 t × 500 Frs.)	10000 Frs.
Duala-Arbeitsstätte (80 Frs./t)	1600 „
Verschiedenes	345400 „
Laufende Unkosten für 18 Monate (monatl. 114000 Frs.)	2052000 „
Zus.	3009000 Frs.

8. Kopal

Wasserheller und durchsichtiger, durchscheinender oder undurchsichtig weißer, gelb oder braungefärbter Kopal wird besonders in dem Küstenstrich bis nach Duala hin am Strande ausgeworfen vorgefunden. Es scheint sich bei diesem Vorkommen um regellose, im jungen Schwemmlandsgebiet auf primärer Lagerstätte vorkommende Harzanreicherungen zu handeln. Die Hauptmenge des in den Handel kommenden Kopals stammte vom Strand, wo er bei Ebbe aufgesammelt wurde.

Anhang: Marmor und Kalkstein

Größere Marmorvorkommen kennt man aus dem Gebiet östlich des Mandaragebirges, wo weißer, roter und grüner Marmor bei Bidsar auftritt. Das ganze Massiv des Bidsar ist von einer Marmorschicht umgeben, die an zwei Stellen an die Tagesoberfläche tritt: nördlich hinter dem Dorfe Bidsar und südöstlich des Massives gegen das Dorf Bia. Möglicherweise handelt es sich um ein langgestrecktes Granitmassiv, das der Marmor auf den beiden Längsseiten umgibt. Das Streichen der Hauptachse des Granites verläuft O—W. Der Marmor kommt in Lagen vor, die fast senkrecht einfallen und eine durchschnittliche Gesamtmächtigkeit von 15 m aufweisen. An der Oberfläche findet man den Marmor in Bänken von nur 10—60 cm Mächtigkeit, wechsellagernd mit anderen Gesteinen, so daß eine Gewinnung von größeren Blöcken unmöglich erscheint.

Gewöhnlicher Kalkstein ist in Kamerun sehr selten. Bekannt sind nur die Vorkommen von Wuri und Mungo im Bereich von Mondame westlich Mbango. Beide eignen sich gut zum Kalkbrennen.

B. Neu-Kamerun

Neu-Kamerun, das durch Marokko-Vertrag im Jahre 1911 an Deutschland abgetreten wurde, fiel durch das Versailler Diktat wieder an Frankreich zurück.

Wie aus Tafel II ersichtlich ist, zieht sich die zwischen Betare Oja und Tibati befindliche Mineralisationszone in das Neu-Kameruner Gebiet hinüber und bildet in ihrer Gesamtheit eine große langgezogene Fläche, auf der — vielfach allerdings nur oberflächlich festgestellt — verschiedene nutzbare Mineralien vorkommen.

Von allen Mineralvorkommen sind augenblicklich nur diejenigen des Goldes und der Diamanten von Wichtigkeit.

I. Die Goldlagerstätten

Durch die Goldfunde ganz im Osten Alt-Kameruns bei Jukaduma war man auch auf den Westen Neu-Kameruns aufmerksam geworden; denn es erschien auf Grund des geologischen Baues als wahrscheinlich, daß sich die Goldzonen Alt-Kameruns weiter ostwärts verfolgen ließen. Die Prospektion führte bald zur Entdeckung der alluvialen Vorkommen von Ssosso.

Der Westrand Neu-Kameruns stellt ein leicht gewelltes Plateau dar, dessen mittlere Höhenlagen zwischen 500 und 600 m schwanken. Die höchsten Erhebungen werden vom Grundgebirge gebildet, das im allgemeinen NNW—SSO streicht. Senkrecht zu dieser Richtung fanden einige schwächere sekundäre Faltungen statt.

Vier größere Flüsse durchschneiden das goldführende Gebiet: Der Kadei, der Bumbe II, der Bumbe I und der Mambere. Alle diese Flüsse gehören dem Kongosystem an. Sie bilden recht breite Täler mit größeren alluvialen Ablagerungen.

Das Grundgebirge besteht hauptsächlich aus einem normalen Granit mit Orthoklas, Quarz und Biotit. Da der Boden mit lateritischen Zersetzungsprodukten bedeckt ist, findet man nur selten anstehendes Gestein. Gneis baut hauptsächlich die Gegend nördlich der Linie Baturi-Kenzu auf und bildet einen schmalen Streifen im Tale des Bumbe II. Ziemlich häufig sind muskovitreiche pegmatitische Granite. In den Graniten treten Gangsysteme auf, die sich vornehmlich aus Quarzgängen zusammensetzen und N—S streichen. An der Grenze Kamerun-Mittelkongo kommen die ersten basischen Gesteine vor. Ihr Kontakt mit der „Série metamorphique" ist im Bumbe I-Tal gut zu sehen. Hier findet man auch dioritische Gesteine und Syenitgranite mit Orthoklas, Biotit, Hornblende und Quarz.

In der Gegend Gambula-Berberati verschwindet das Grundgebirge und wird durch eine Schichtenfolge von sandigen Gesteinen überdeckt, die sich weit nach Süden bis über Nola hinaus erstrecken. Man kann drei Horizonte unterscheiden:

1. Bräunliche Sandsteine an der Basis, feinkörnig und ziemlich hart.
2. Quarzkristalle führende weiße Sandsteine von gröberem Korn.
3. Kompakte eisenschüssige Sandsteine, die eine große Ähnlichkeit mit den Lubilasch-Schichten erkennen lassen.

In Neu-Kamerun haben sich im Laufe der letzten Jahre folgende Goldseifenbetriebe entwickelt:

1. Gamboki-Ndala bei Lame östlich Garua, Tschadgebiet.
2. Gindo, Bezirk Babua.
3. Botoko, Bezirk Babua.
4. Zukumbo, Bezirk Babua.
5. Moe, Gebiet von Babua, unmittelbar an der Mandatsgrenze.
6. Kadei, am gleichnamigen Fluß, unweit Betare Oja.
7. Pong, unmittelbar an die Felder von Kadei angrenzend.
8. Wapo-Kotidjia, am Kadei.
9. Gbar-Wumbu, am rechten Ufer des Kadei.
10. Berger, an der Straße Berberati-Gambula, am Zusammenfluß des Gongoli und Angoro. Als unwirtschaftlich wieder aufgegeben.
11. Ssosso, am Mittellauf des Kadei.
12. Polipo, unmittelbar an die Felder von Ssosso anschließend.
13. Jaluke, nordöstlich Carnot an der Westgrenze Neu-Kameruns. Umfaßt die beiden Betriebe Dateli und Jaho.
14. Baba, im gleichen Gebiet wie Jaluke.

Der Goldbergbau ist in Neu-Kamerun zur gleichen Zeit wie in Alt-Kamerun entstanden. Zahlreiche Betriebe wurden jedoch erst

1936 und 1937 eröffnet. Der Anteil der einzelnen Gesellschaften an der Gesamtproduktion Neu-Kameruns ist aus Tabelle 4 zu ersehen.

An der Gesamtproduktion bis Ende 1937 von 1401 kg ist die Compagnie Equatoriale des Mines mit 116 kg, die Compagnie Minière de l'Oubanghi Oriental mit 1283 kg beteiligt. Für das Jahr 1938 schätzt Kolbe[1]) die Produktion auf rund 410 kg, an denen die Compagnie Equatoriale des Mines mit rund 260 kg, die Compagnie Minière de l'Oubanghi Oriental mit rund 150 kg beteiligt sein dürfte.

Tabelle 4

Rohgoldgewinnung in Neu-Kamerun in den Jahren 1936 und 1937[2])

Gesellschaft	Betrieb	Arbeitsbeginn	Produktion in kg		
			1936	1937	Gesamtproduktion bis 31.12.1937
Compagnie Equatoriale des Mines „CEM"	Kadei	Sept. 1936	12,396	39,106	51,502
	Pong	Nov. 1937	—		
	Moe	Mai 1937	—	7,042	7,042
	Jaluke	Juni 1937	—	57,670	57,670
	Baba	Juni 1937	—	—	—
			12,596	103,818	116,214
Compagnie Minière de l'Oubanghi Oriental „CMOO"	Ssosso	Mai 1932	86,692	36,231	677,111
	Polipo	Juni 1933	142,981	82,835	533,086
	Wapo	Juli 1937	—	12,427	12,427
	Gindo	Nov. 1935	20,563	18,200	38,763
	Botoko	Jan. 1937	—	8,946	8,946
	Zukumbo	—	—	—	—
	Gbar	Dez. 1937	—	—	—
	Gamboki	Juni 1936	7,000	5,612	12,612
			257,236	164,251	1282,945
Berger		April 1937		2,049	2,049
Zusammen			269,632	270,118	1401,208

1. Die Goldvorkommen von Ssosso

Diese goldhaltigen Ablagerungen befinden sich etwa 50 km südwestlich von Berberati am rechten Ufer des Kadei. Es haben sich im Laufe der Zeit drei Abbauzentren entwickelt: Ssosso, Polipo und Bukere. Alle drei gehören der Compagnie Minière de l'Oubanghi Oriental.

Die Alluvionen haben sich durch die Zersetzung und Abtragung der Gesteine des „Système métamorphique" gebildet, die hier aus

[1]) Nach privaten Mitteilungen.

[2]) Die Zusammenstellung der Produktionszahlen stammt von Dr. Kolbe, der sie liebenswürdigerweise zur Verfügung stellte.

quarzitischen Sandsteinen und schwarzen graphitischen Schiefern zusammengesetzt sind. Letztere bilden den Untergrund der Alluvionen; sie sind von zahlreichen Quarzadern und -gängen verquert, die meist goldführend sind. Die Alluvionen sind junge Bildungen und erreichen dort, wo sie unmittelbar auf den graphitischen Schiefern liegen, recht ansehnliche Gehalte. Bachläufe, die diese Schichten nicht verqueren, sind steril.

Der goldführende Schotter ist im allgemeinen 40 cm mächtig, die darüberliegende Deckschicht 1 m. Der Untergrund ist bis zu einer Tiefe von 20—50 m zersetzt und mit Gold angereichert.

Die Aufbereitung geschieht mittels Gerinnen. Im Jahre 1933 betrug der durchschnittliche Goldgehalt der Alluvionen 3,5 g/cbm Seifenmaterial. Insgesamt waren hier etwa 800 Eingeborene beschäftigt.

Die Konzentrate führen außer Gold größere Mengen von Spessartin, weißen Zirkon und Rutil. Das Gold ist meist sehr feinkörnig. Nur selten fand man Nuggets bis zu 60—65 g Gewicht.

2. Die Goldvorkommen von Kadei-Gasa

Die Compagnie Equatoriale des Mines beutet am mittleren Kadei zwei Vorkommen aus: Kadei, das 35 km vom gleichnamigen Ort entfernt liegt, und Pong, etwa 50 km östlich von ersterem. Beide liegen in einem unwegsamen Gebiet und können nur von Betare Oja aus erreicht werden.

Die Ablagerungen der Flüsse Banabingi sind schon abgebaut. Gegenwärtig bewegen sich die Arbeiten im Fluß Labuka. Diese beiden Flüsse waren die einzigen der einen Konzession, die man als abbauwürdig befunden hatte. Sie lassen alle Merkmale von Seifen in Granitgebieten erkennen. Die Ablagerungen der Flüsse Nababo und Busongo in der zweiten Konzession liegen in einem dioritischen Gebiet. Außer Dioriten findet man auch zahlreiche Gneise und Gneisgranite, in denen man rosagefärbte pegmatitische Gänge mit großen Orthoklaskristallen und Quarzgänge beobachten konnte.

Die Mächtigkeit der goldführenden Ablagerungen beträgt im allgemeinen 1,30 m bei einem Durchschnittsgehalt von 0,5 g/cbm.

3. Die Goldvorkommen von Moe

Das Dorf Moe liegt in Alt-Kamerun, doch reichen, wie bereits erwähnt, die Goldalluvionen auch in das Neu-Kameruner Gebiet hinüber, das hier von Glimmerschiefern, Gneisen und Graniten aufgebaut wird. Die Goldseifen haben aber auf dieser Seite der Mandatsgrenze niemals die Bedeutung der Vorkommen von Betare Oja erreicht und scheinen sich rasch erschöpft zu haben. Abzubauen sind nur noch die Alluvionen des Botoko bis zu seiner Einmündung in den Mbere.

4. Die Goldvorkommen bei Jaluke-Baba

Das Goldgebiet im Becken des Baba und seiner Zuflüsse liegt direkt an der Grenze mit Französisch-Äquatorialafrika. Das erste Gold wurde hier durch einen Prospektor der Compagnie Minière de l'Oubanghi Oriental im Jahre 1930 entdeckt, der in einem Nebenfluß des Baba, im Mbi, Gehalte bis zu 9 g/cbm feststellte. Mit den eingehenderen Untersuchungen begann man aber erst 1937. Sie ergaben eine Reserve von 250 kg Rohgold im Becken des Datoli und von 300 kg in dem des Jaho. Die Flüsse Gam, Bihem, Baguli, Hono, Famangama und Banjo lieferten dagegen negative Resultate.

Am geologischen Aufbau nehmen vornehmlich Gneise teil, in denen man zahlreiche goldführende Quarzgänge beobachten kann.

Die meisten der obenerwähnten Quarzgänge sind goldhaltig und man stellte in ihnen Gehalte zwischen 3 und 10 g/t fest.

Die Goldgewinnung aus den Seifen geschieht mittels Gerinnen, die meist mit Diaphragmapumpen gespeist werden müssen, da sie zu hoch über den Seifen liegen. Die Goldführung erstreckt sich auf die ganze, 1,60 m betragende Mächtigkeit der Ablagerungen.

Große Schwierigkeiten bereitet die Beschaffung von eingeborenen Arbeitern.

II. Die Diamantlagerstätten

Neu-Kamerun wird an der Grenze zum mittleren Kongo von einem nur wenig gewellten Plateau eingenommen, das im Westen aus granitischen Gesteinen besteht, die die Fortsetzung der Granite aus dem Alt-Kameruner Gebiet darstellen. Nach Osten nehmen mehr oder weniger metamorphe Schiefer und Quarzite am Aufbau des Gebietes teil und schließlich trifft man auf horizontal liegende Sandsteinschichten, die von Konglomeraten begleitet werden, den weite Flächen bedeckenden Mambere-Sandstein. In den dieses Sandsteinplateau durchziehenden Tälern wurden im Jahre 1936 bei Berberati einige Diamanten gefunden, die somit in der gleichen geologischen Position vorkommen, wie die Diamanten in dem Basiskonglomerat der petrographisch sehr ähnlichen und stratigraphisch gleichwertigen Lubilasch-Schichten am Kasai.

Die vorläufig bekannten Diamantfelder wurden durch die Compagnie Minière de l'Oubanghi Oriental und durch Berger belegt.

Die Abbaufelder der Compagnie Minière de l'Oubanghi Oriental befinden sich bei Katagpo zwischen Berberati und Nola, dann am mittleren Lobajo und im unteren Topia-Becken. Die Produktion betrug im Dezember 1937 602 Karat. Sie ist seitdem ständig gestiegen, da maschinelle Neuinstallationen hinzukamen. Bereits im Juni 1938 wurden 1592 Karat gewonnen.

Die Produktion von Neu-Kamerun war bis Ende 1939 folgende:

1937	602	Karat
1938	17554	,,
1939	18284	,,

III. Die Graphitvorkommen

Im Tale des oberen Ssanga und im Mamberetal findet man Hornblende- und Biotitgneise, die als akzessorischen Gemengteil Graphit führen. Dieser hat sich in brauchbarer Qualität an einigen Stellen in Lagen bis zu 1 m Mächtigkeit angereichert und erscheint in solchen Fällen als bauwürdig; z. B. am Wassa-Bach bei Nadjiboro, sowie weniger gut im Mambere-Tal am Djir Dang bei Bilamo. Ein Vorkommen bei Bumbit südsüdwestlich von Buar wurde von Lange eingehender untersucht. Die Lagerstätte befindet sich am Kaja Dang, der westlich des Weges von Bumbut nach Sotua liegt. Hier gewannen die Eingeborenen aus kleinen Löchern, die sie in das zu losem Laterit verwitterte Gestein eingraben, die graphitreichen Stücke, die zerkleinert und geschlämmt wurden und bei sorgfältiger Arbeitsweise fast reinen Graphit lieferten. Ein graphitführendes Flöz tritt mit einer streichenden Länge von 80 m zu Tage und ist etwa 55 m breit, aber unrein, da graphitführende Partien mit fast völlig graphitleeren beständig wechsellagern.

C. Die wirtschaftlichen Aussichten der zukünftigen bergbaulichen Entwicklung Kameruns

Wie in der geologischen Beschreibung dargelegt wurde, wird der überwiegende Teil Kameruns vom kristallinen Grundgebirge eingenommen, in dem zwar nicht die größten Lagerstätten Afrikas, aber doch die größte Anzahl vorkommt. Genau so, wie der archäische Sockel allerorts von den Intrusionen des sauren Magmas durchbrochen wird, erscheint er weitgehend auch von Erzlösungen durchtränkt worden zu sein. Dies ist vor allem beim Gold der Fall; aber auch andere Metalle, wie Zinn, Eisen und Titan, sind in diffuser Verteilung und leider oft nur spurenhaft fast überall zu finden, wo Anzeichen einer Vererzung überhaupt nachweisbar sind. Anders steht es natürlich mit den Konzentrationserscheinungen dieser Metalle zu wirtschaftlich wichtigen Lagerstätten. Diese haben sich, soweit dies in Kamerun heute schon zu überblicken ist, nur dort gebildet, wo eine sekundäre Anreicherung stattfinden konnte, d. h. wo eluviale oder alluviale Seifen vorliegen. Primäre Vorkommen sind bisher kaum entdeckt worden und wo man sie fand, handelt es sich meist um zwar viele, aber nur kleine Gänge. Das Auftreten von Gang- oder Pegmatitzügen scheint für das Grundgebirge Kameruns die charakteristische Form der Vererzung zu sein.

Es ist stets mit einem großen Risiko verbunden, über tropische Länder, die nur schwach erschlossen sind, Zukunftsaussagen zu machen. Sie können sich außerdem nur in einem ganz großen Rahmen bewegen und müssen sich auf das beschränken, was an Hand der bisherigen Beobachtungen und der wissenschaftlichen Erkenntnisse festzustellen möglich ist. Zu Hilfe kommt bei derartigen Betrachtungen die Gesetzmäßigkeit im Aufbau des afrikanischen Kontinentes, die sich jedem offenbart, der sich intensiv damit beschäftigt: Dem Tektoniker, dem Geologen und nicht zuletzt und in besonders schöner Form den Lagerstättenforscher.

Dank der Tatsache, daß das Urgebirge in Afrika an so vielen Stellen freiliegt, ist es möglich, die Lagerstättenbildung in ihrer Urform zu betrachten. Die Zusammenhänge zwischen Magma und Restlösungen sind infolge der großen Tiefenbildung stets sichtbar und erlauben damit grundlegende Studien, die grundlegende Erkenntnisse liefern können. Vor allem aber geben sie dem Montan- und Wirtschaftsgeologen die Möglichkeit, dort, wo die Natur eine direkte Beobachtung verhindert, durch Vergleiche und Anwendung der erkannten Gesetzmäßigkeiten wertvolle Schlüsse zu ziehen.

Bringt man daher bei der Betrachtung der wirtschaftlichen Aussichten der zukünftigen bergbaulichen Entwicklung Kameruns die Erkenntnisse des Aufbaues des Grundgebirges und die dabei beobachteten Gesetzmäßigkeiten in der Vererzung, wie sie im Abschnitt „Die magmatischen Phänomene" beschrieben wurden, in Anwendung, so kann man für die einzelnen Metalle folgendes sagen:

Gold: Die zwar nur geringe, aber doch stetig ansteigende Goldproduktion Kameruns ist ein schönes Beispiel dafür, wie die Intensivierung der methodischen Prospektion in den Gebieten des Grundgebirges immer mehr Vorkommen zu erschließen vermag. Es ist zwar nicht anzunehmen, daß die Goldproduktion etwa durch Großbetriebe gesteigert werden könnte, denn die Natur der Seifen fordert den Kleinbetrieb; jedoch darf man voraussetzen, daß bei der großen Verbreitung der Granite des Kalk-Alkalimagmas die Zukunft des Goldbergbaues, auch bei einer Zunahme der Kleinbetriebe, für viele Jahre gesichert erscheint. Dabei ist allerdings zu bedenken, daß es sich bisher bei den nachgewiesenen Reserven stets nur um recht geringe Mengen handelte, so daß sich eine allzu große Steigerung der Produktion von selbst verbietet.

Zinn: Es ist sicherlich kein Zufall, daß sich die bisher bekannten Zinnvorkommen Kameruns im Westen der Kolonie, demnach in der Nachbarschaft Nigeriens befinden. Sie bilden mit den nigerischen Vorkommen eine geologische Einheit. Jedoch ist nicht anzunehmen, daß der Zinnbergbau Kameruns jemals die gleiche Höhe wie dort erreichen könnte. Denn einmal sind die Vorkommen der Alkali-Granite und damit der Zinnlagerstätten flächenbeschränkter und zum anderen müssen letztere sowohl geographisch als auch magmatogen als Ausläufer der nigerischen Zinnzone betrachtet werden. Immerhin ist gerade deshalb das Gebiet zwischen den bisher bekannten Vorkommen und der nigerischen Grenze bedeutungsvoll genug, um genau untersucht zu werden. Es ist mit einer ziemlichen Wahrscheinlichkeit anzunehmen, daß dabei noch zahlreiche, wenn auch vielleicht kleinere Vorkommen entdeckt werden könnten, so daß man die Zukunft des Zinnbergbaues als günstig ansehen darf. Dagegen ist nicht damit zu rechnen, daß man südlich Fumban auf nennenswerte Zinnvorkommen stoßen wird. Die Gründe dafür sind im Abschnitt „Die magmatischen Phänomene“ dargelegt worden. Die gleichen Verhältnisse müssen auch für den Osten Kameruns angenommen werden.

Wolfram: Die bisher bekannten Wolframitvorkommen bilden den geographischen und anscheinend auch magmatogenen Abschluß der Zinnerzzone Kameruns und scheinen damit sehr flächenbeschränkt zu sein. Eine größere Bedeutung kann man demnach der Zukunft der bergbaulichen Entwicklung dieser Vorkommen wahrscheinlich nicht zusprechen.

Titan: Es konnte gezeigt werden, daß die Rutil- und Ilmenitvorkommen Kameruns auf eine lange und breite Pegmatitzone im südwestlichen Teil der Kolonie beschränkt sind. Die Entwicklung dieses Gebietes in bergbaulicher Beziehung wird nur Hand in Hand mit der gesamten wirtschaftlichen Entwicklung dieses Teiles der Kolonie gehen können, denn die schwierigen Transportverhältnisse engen den Kreis der abbauwürdigen Lagerstätten sehr ein. Die möglichen Reserven können als ziemlich ansehnlich bezeichnet werden.

Glimmer: Die gleichen Verhältnisse, wie sie für das Titan geschildert wurden, liegen auch für die Glimmerlagerstätten vor. Bisher weiß man allerdings, mit Ausnahme der Vorkommen von Esudan, nur so viel, daß alle Pegmatite des Zuges Esudan—Akonolinga reich an Muskovit sind. Wie weit es sich dabei um Nutzglimmer handelt, müssen erst spätere Untersuchungen zeigen. Die Reserven können recht groß sein.

Erdöl: Siehe den Abschnitt über das Erdöl im beschreibenden Teil.

Die Vorkommen aller anderen Mineralien sind zu wenig bekannt, als daß man über ihre zukünftige Entwicklung eine Aussage machen könnte.

Zusammenfassend kann festgestellt werden, daß Kamerun ein gut vererztes Gebiet darstellt, das — ohne zu übertriebenen Hoffnungen Anlaß zu geben — doch aussichtsreich genug ist, um gründliche geologische und lagerstättenkundliche Untersuchungen zu rechtfertigen.

Anhang: Spanisch-Guinea

Spanisch-Guinea ist die kleine Kolonie im Golf von Guinea, die von Kamerun und Französisch-Äquatorialafrika umschlossen wird und zu der auch die Inseln Fernando Póo und Annobon gehören. Sie wurde im Jahre 1843 dem spanischen Mutterlande einverleibt und umfaßt mit den beiden obengenannten Inseln eine Fläche von 26659 qkm, auf der 1920 118293 Eingeborene lebten. Die Festlandskolonie bedeckt eine Fläche von 25622 qkm.

Die Küste ist niedrig und sumpfig, das Hinterland wird von tropischem Urwald bedeckt. In der Ferne erblickt man das Bumbamyokue-Gebirge, dessen höchste Gipfel in Küstennähe der Pico Agudo de los Siete Montañas (850 m), im Innern La Mitra oder Los Micos (1201 m) sind, sowie die Sierra de Cristal, die sich bis nach Gabun verfolgen läßt und Höhen über 1500 m erreicht.

Die Eingeborenen, die sich im Inneren aus Mpangwe und an der Küste aus den Verwandten der Duala zusammensetzen, betreiben in kleinerem Maßstabe eine Gewinnung von Kautschuk, Palmkernen und -öl, die sie den Faktoreien der Küste abliefern. Die Handelsbilanz war meist aktiv und die Einfuhr betrug z. B. 1920 9,2 Millionen Pesetas, die Ausfuhr (Palmöl, Nutzholz, Kautschuk und Elfenbein) dagegen 13,2 Millionen Pesetas.

Der Küstenstreifen von Spanisch-Guinea wird von jüngeren Sedimenten bedeckt; tertiäre Gesteine wurden noch nicht beobachtet. Im Inneren findet man fast ausschließlich Gesteine des Grundgebirges:

archaische Gneise, Glimmerschiefer und Granite. In der Sierra de los Cristalles treten neben den Graniten auch Diorite und Norite auf. Das Paläozoikum ist vermutlich als Devon am Benito in kleineren Flecken entwickelt. Es setzt sich hier aus Quarziten und tonigen Sandsteinen zusammen. Am Ihono findet man Sandsteine, die vielfach bituminöse Imprägnationen aufweisen. Sie können der Kreide zugerechnet werden und bauen neben den jüngeren Deckschichten den ganzen Küstenstreifen auf. Ihr Fortsetzung ist in viel größerem Maßstabe in Gabun festgestellt worden.

In lagerstättenkundlicher Hinsicht ist über Spanisch-Guinea nichts bekannt. Ab und zu fand man Spuren von Kupfererzen und die Sierra de Cristal wird sicherlich die gleiche Vererzung aufweisen wie in Gabun; doch stehen diesbezügliche Untersuchungen noch aus.

Literaturverzeichnis

Landeskundliche Verhältnisse

1. Schwarz, B., Kamerun. Leipzig 1886.
2. Buchner, Dr., Kamerun. Leipzig 1887.
3. Morgen, C., Durch Kamerun von Süd nach Nord. Leipzig 1893.
4. Passarge, S., Adamaua. Berlin 1895.
5. Dominik, H., Kamerun. Berlin 1901.
6. Moisel u. Sprigade, Großer deutscher Kolonialatlas 1:1000000. D. Reimer 1906, 1904.
7. Reichskolonialamt, Neu-Kamerun. Veröffentl. Nr. 4, Berlin 1912.
8. Paulin, H., Cameroun, Togo. Encyclopédie Industrielle et Commerciale. L. Eyrolles, Paris 1924.
9. Truitard, M., Territoires Africaines sous Mandat de la France: Togo et Cameroun. In: Guide des Colonies Françaises. Paris 1931.
10. Full, A., Kamerun. Koloniale Rundschau 1932, H. 11/12, S. 392.
11. Ortlieb, H. D., Kamerun (Franz. Mandat). Außenhandel, Produktion. Afrika Rdsch. 3, 1937/38, S. 51.
12. Escherich, G., Kamerun. Berlin 1938.
13. Lange, F., Deutscher Kolonialatlas. 22. Ausgabe, Berlin 1941.

Grundzüge des geologischen Baues

14. Gürich, G., Beiträge zur Geologie von Westafrika. Ztschr. Dtsch. Geol. Ges. 1887, S. 133.
15. Weissenborn, Dr., Bericht über die geologischen Ergebnisse der Batanga-Expedition. Mitt. Dtsch. Schutzgeb. 1888, I, S. 32.
16. Dusén, P., Om nordvästra Kamerun omradets geologi. Geol. fören i Stockholm förh. 1894, Bd. 16. 1.
17. Knochenhauer, B., Geologische Untersuchungen im Kamerungebiete. Mitt. Dtsch. Schutzgeb. 1895, VIII, S. 87.
18. Stromer v. Reichenbach, E., Die Geologie der deutschen Schutzgebiete in Afrika 1896.

19. Spire, Note sur la géologie du Congo français entre la Sangha et l'Atlantique (Mission Forneauu). Bull. Mus. d'Hist. Nat., Vol. VI, 1900, S. 392.
20. Esch, E., Der Vulkan Etinde in Kamerun und seine Gesteine. Sitz.-Ber. Preuß. Akad. Wiss. 1901, S. 277.
21. Lacoin, Observation sur la géologie du pays de l'Oubanghi au Tchad. Bull. Soc. géol. France, IV. sér., Vol. III, 1903.
22. Lacoin, Sur la géologie du pays de l'Oubanghi au Tchad. C. R. hebdom. d. Séanc. de l'Ac. des Sc. 1903, Bd. 136.
23. Oppenheim, P., Vorläufige Mitteilung über das Auftreten von Eocän in Kamerun. Centralbl. f. Min. 1903, S. 373.
24. Esch, E., F. Solger, P. Oppenheim u. O. Jaekel, Beiträge zur Geologie von Kamerun. 1904.
25. Solger, F., Die Fossilien der Mungokreide in Kamerun und ihre geologische Bedeutung mit besonderer Berücksichtigung der Ammoniten. Beitr. z. Geol. Kameruns, 1904, S. 85.
26. Schmeisser, Über die geologischen Untersuchungen und die Entwicklung des Bergbaus in den deutschen Schutzgebieten. Z. f. prakt. Geol. 1906, S. 74.
27. Hintze, R., Beitrag zur Petrographie der älteren Gesteine des deutschen Schutzgebietes Kamerun. Jahrb. Preuß. Geol. LA. 28, 1907, S. 282.
28. Edlinger, W., Beiträge zur Geologie und Petrographie Deutsch-Adamauas. Braunschweig 1908.
29. Guillemain, C., Ergebnisse geologischer Forschung im Schutzgebiet Kamerun. Mitt. Dtsch. Schutzgeb. 21, 1908, S. 15.
30. Bruel, G., Les basses vallés de l'Oubanghi et de la Sanga. La Géographie XIX, 1909.
31. Guillemain, C., Beiträge zur Geologie von Kamerun. Mit Beiträgen von Harbort, Jaekel, Klautsch, Menzel. Jahrb. Preuß. Geol. LA. Heft 62, 1909.
32. Guillemain, C., u. E. Harbort, Profil der Kreideschichten am Mungo. In: Guillemain, Beitr. z. Geol. Kameruns. Abh. Preuß. Geol. LA. N. F. 62, 1909, S. 405.
33. Gagel, C., Über die Fortschritte in der geologischen Erforschung und der bergbaulichen Erschließung der deutschen Schutzgebiete. Verhdl. d. dtsch. Kolonialkongr. Berlin 1910, S. 15.
34. Passarge, S., Oberflächengestaltung und Geologie Kameruns. Jahrb. über die Dtsch. Kolonien 3, 1910, S. 225.
35. Liesegang, Ergebnisse bergmännisch-geologischer Forschungen im französischen Kongo-Gebiet und in dem an Deutschland abgetretenen Teil. Glückauf 52, 1911, S. 2031.
36. Mann, O., Bericht über den Stand der geologischen Erforschung von Kamerun im Mai 1910. Mit Karte 1 : 5 Mill. Mitt. dtsch. Schutzgeb. 1911, S. 203.
37. Mann, O., Die geologische Untersuchung des Dschangbezirks. Mitt. dtsch. Schutzgeb. 1912, S. 217.
38. Hennig, E., u. O. Mann: Mesozoische Ablagerungen in Adamaua, Kamerun. Beitr. z. geol. Erf. Dtsch. Schutzgeb. H. 7, 1913.
39. Henssen, W., Beitrag zur Petrographie von Kamerun. Diss. Münster 1913. N. J. f. Min. Bd. 36, 1913, S. 247.
40. Koert, Ergebnisse der neueren geologischen Erforschung in den deutsch-afrikanischen Schutzgebieten. Kamerun S. 31. Beitr. z. geol. Erf. Dtsch. Schutzgeb. Berlin 1913.

41. Mann, O., Der geologische Aufbau Kameruns. 6. Jahresber. d. Freiberger Geol. Ges. 1913, S. 57.
42. Mann, O., Verbreitung der Sedimentärgesteine in Adamaua. Beitr. z. geol. Erf. Dtsch. Schutzgeb., H. 7, 1913.
44. Mesch, D., Die Basalte des Kamerungebirges und des Gebietes zwischen Kamerungebirge und Elefantensee. N. J. f. Min. BB. 40, 1916, S. 457.
45. Loir, E., Carte géologique de l'Afrique équatoriale française Gouv. géneral de l'Afrique équ. franc., publiée 1918. 1:5000000.
46. Chudeau, E., Résultats géologiques de la mission de délimitation Congo-Est-Cameroun. Bull. Soc. géol. France, Paris 1921.
47. Reck, H., Überblick über den Bau und Bild von Kamerun. In Mansfeld, A., Westafrika, Berlin 1924.
48. Alvarez, R., Les directions des plissements dans le massif cristallin de Cameroun. C. R. Soc. géol. France 1929, S. 50.
49. Levy Alvarez, R., Contrib. à la géol. de Cameroun: La direction de plissements dans le massif cristallin. C. R. Soc. géol. France 1929, S. 50.
50. Anonym, La géologie et les mines des colonies françaises. Mines, Carr. Grandes Enterpr. 1931, S. 22.
51. Lacroix, La géologie et les mines de la France d'Outre-Mer. Soc. d'Edit. géogr. et marit. colon. Paris 1932.
52. Riedel, L., Die Oberkreide vom Mungofluß in Kamerun. Beitr. z. geol. Erf. Dtsch. Schutzgeb., H. 16, 1932.
53. Asselberghs, E., Sur l'extension du système du Karro dans la région de Carnot et dans le boucle de l'Oubanghi. Bull. Soc. belge de géol. 1934, S. 293.
54. Krenkel, E., Geologie Afrikas. III, 1, S. 1226. Berlin 1934.
55. Range, P., Kamerun (Geologie und Bergbau der Deutschen Schutzgebiete). Tropenpflanzer, Berlin 1934, S. 276.
56. Tyrrell, G. W., Petrographical notes on rocks from the gulf of Guinea. Geol. Mag. 71, 1934, S. 16.
57. Anonym, Exploration géologique et minière du Cameroun. Cameroun Dez. 1937, S. 16.
58. van Aubel, R., Observations géologiques dans la partie camerounienne du Pays Baya (Cameroun oriental). Bull. Soc. Géol. Fr., Paris 1937, 5. s., 7., S. 295, 321.
59. Behrend, F., Geologie von Togo und Kamerun. Zeitschr. Dtsch. Geol. Ges. 1937, S. 527.
60. Bruel, Afrique Equatorial Française et Cameroun. Atlas des colon. fr. Soc. d'Efit. géogr. mar. colon. 1933. N. J. f. Min. 1937, III, S. 40.
61. Lombard, J., Les grandes minéralisations de l'Afrique sudéquatoriale et la géologie régionale. Chron. Mines colon. 1933, S. 1, 67.
62. Dietrich, W. O., Trias in Nord-Adamaua. Centralbl. f. Min. 1939, B, S. 60.
63. Krenkel, E., Geologie der Deutschen Kolonien in Afrika (Kamerun S. 215). Berlin 1939.
64. Klingner, F. E., Geologischer Bau und Mineralschätze der deutschen Kolonien in Afrika und in der Südsee. Berlin 1938.
65. Range, P., Die geologischen Verhältnisse in den deutschen Kolonien mit besonderer Berücksichtigung der Mineralvorkommen. Metallwirtsch., XVII, 1938, Nr. 51, S. 1376 u. Nr. 52, S. 1390.

Minerallagerstätten

(Allgemeines)

66. Schmeisser, E., Die nutzbaren Bodenschätze der Deutschen Schutzgebiete. Verhandl. d. Dtsch. Kolonialkongresses 1902.
67. Lemoine, P., Etude des richesses minières du Cameroun allemand. Quinzaine coloniale, Paris 1908.
68. Anonym, Untersuchung Kameruner Tone hinsichtlich ihrer Verwendbarkeit in der Keramik. Amtsbl. f. d. Schutzgeb. Kamerun, 1909, S. 249.
69. Kuntz, J., Aussichten für den Bergbau in den deutschen Kolonien. Kol.-Wirtsch. Komitee 1909, S. 27.
70. Guillemain, C., Die bisher bekannt gewordenen Lagerstätten nutzbarer Mineralien des Deutschen Schutzgebietes Kamerun. Z. f. prakt. Geol. 1910, S. 138.
71. Kuntz, J., Bergbau in den Kolonien. Verh. Kol.-Techn. Komm. des Kol.-Wirtsch. Kom. Nr. 1, 1912, S. 10.
72. Kuntz, J., Die Fortschritte des Bergbaus in den Kolonien. Verh. Vorst. Kol.-Wirtsch. Kom. Berlin 1913, Nr. 1, S. 56.
73. Chudeau, E., La nouvelle situation des colonies africaines. Togo-Cameroun. La géographie, Paris, Bd. 33, 1918.
74. Ripert, Notes minéralogiques sur le Cameroun. Paris 1918.
75. Valet, M., Notes sur la prospection de la région comprise entre Mbanga et Nkonsamba. Bull. de rens. des Terr. sous Mandat, juin et septembre 1924.
76. Valet, M., La minéralogie du Cameroun. Rapport sur la constitution minéralogique de la circonscription de Dchang. Dép. colon. Paris 26, 27 et 29 avril et 1 mai 1925.
77. Haugou, P., Aperçu minier sur le Cameroun. Togo-Cameroun-Magazine, Paris 1930.
78. Anonym: Relantissement des recherches minières privée au Cameroun. Chron. Mines col., 1933, Nr. 10.
79. Jacqueton, Les mines de l'Afrique française et du Comité du Maroc. 43. Jg. n. 9. Sept. 1933.
80. Anonym: Les decouvertes récentes au Cameroun. Chron. Min. col., 1934, Nr. 25.
81. Bétier, Blondel, Neltner u. a., Les ressources minérales de la France d'Outre-Mer. Soc. d'Edit. Geogr. marit. colon. Paris 1934. 4 Bde.
82. Anonym: L'activits minière en 1934 au Cameroun. Chron. Mines col., 1935, Nr. 43.
83. Anonym: Exportation minérales du Cameroun en 1933 et 1934. Chron. Mines. Col., 1935, Nr. 37.
84. Kachinsky, V., Le nouveau régime minière au Cameroun, Bull. Com. Afr. fr., Paris 1935.
85. Anonym: Les ressources minières du Cameroun. 1936, Nr. 159.
86. Lecomte de Nouy, J., Etudes sur les possibilités minières du Cameroun. Chron. Mines colon. 1933, S. 12.
87. Range, P., Mineralfunde und Bergbau in den deutschen Schutzgebieten in Afrika und in der Südsee. Kol. Rundsch. 1936, H. 3.
88. Annuaire 1936: Comité d'études minières pour la France d'Outre-Mer. Paris 1936, S. 455.
89. Anonym: L'Industrie minière au Cameroun en 1937. Chron. mines col. 7, 1938, S. 189.

90. Friedensburg, F., Bodenschätze und Bergbau der ehem. deutschen Schutzgebiete. Technik u. Wirtschaft 1938.
91. Meisner, M., Kolonialforderung und Vierjahrespläne. Diss. Berlin 1938.
92. Minerals in French Camerouns. S. Afr. Min. Eng. J. 1938/39, 49, II, S. 129.
93. Müller, W., Bodenschätze unserer Kolonien. Der Querschlag, 1938, Folge 3, S. 48.
94. Range, P., Bergbau in Kamerun. Tropenpflanzer 41, 1938, S. 555.
95. Range, P., Die Mineralvorkommen der deutschen Schutzgebiete in Afrika und in der Südsee. Z. f. prakt. Geol. 1938, H. 8, S. 141.
96. Schumacher, F., Mineralische Rohstoffe der deutschen Kolonien unter besonderer Berücksichtigung der Metallerze. Metallwirtsch. 1938, XVII, 14, S. 399.
97. Friedensburg, F., Der Bergbau in den französischen Kolonien und Mandatsländern. I. Teil: Allgemeines; Kol. Rdsch. 1939, H. 1, S. 1. II. Teil: Einzelne Gebiete; ebenda H. 2, S. 113.

Weitere Angaben über Minerallagerstätten finden sich in Lit. Nr. 18, 26, 33, 50, 51, 57, 59, 61, 64, 65, 66, 67, 69, 70, 81, 82, 87, 88, 91, 93, 94, 95, 96.

Statistik

98. Mandatsverwaltung: Rapport annual au Conseil de la Société des Nations sur l'Administration du territoire du Cameroun 1936. Paris 1937, S. 78, 82.
99. Mandatsverwaltung: Rapport annual adressé par le gouvernement français au conseil de la société des nations sur l'administration sous mandat du territoire du Cameroun. Paris, seit 1923 jährlich.
100. Mandatsverwaltung: Report on the British sphere of the Camerouns. London, seit 1922 jährlich.
101. Mandatsverwaltung: Rapport annual du Conseil de la Société des Nations sur l'Administration du territoire du Cameroun 1935. Paris 1936, S. 81, 91.
102. Mandatsverwaltung: Rapport annual au Conseil de la Société des Nations sur l'Administration du territoire du Cameroun 1937. Paris 1938, S. 77, 82.
103. Mandatsverwaltung: Report on the Council of the League of Nations on the administration of the Cameroons under British Mandate for the year 1936. London 1937, S. 134.
104. Mandatsverwaltung: Report to the Council of the League of Nations on the administration of the Cameroons under British Mandate for the yeat 1937. London 1938, S. 104.

Golderzlagerstätten

105. Passarge, S., Gold im Hinterland von Kamerun? Dtsch. Kol.-Ztg. 1899.
106. Haugou, G., Goldlagerstätten von Kamerun. 7. Congr. géol. appl. 1935, I, S. 41, Paris 1936.
107. Haugou, G., Les gisements aurifères de Cameroun sous mandat de la France I. Congr. Intern. d. mines, VII, 1935. Sect. géol. appl. 1. Paris 1936, S. 41.

Weitere Angaben über Goldvorkommen finden sich in Lit. Nr.: 18, 26, 33, 50, 51, 57, 59, 61, 64, 65, 66, 67, 69, 70, 81, 81, 87, 88, 91, 93, 94, 95, 96.

Zinnerzlagerstätten

108. Zinnlager in Kamerun. Z. f. prakt. Geol. 1904, S. 427.

Weitere Angaben über Zinnvorkommen finden sich in Lit. Nr.: 18, 26, 33, 50, 51, 57, 59, 61, 64, 65, 66, 67, 69, 70, 81, 82, 87, 88, 91, 93, 94, 95, 96.

Titanerzlagerstätten

109. Anonym: Ilménite et rutile au Cameroun. Chron. Mines col. 1935, Nr. 42.

Weitere Angaben über Titanvorkommen finden sich in Lit. Nr.: 18, 26, 33, 50, 51, 57, 59, 61, 64, 65, 66, 67, 69, 70, 81, 82, 87, 88, 91, 93, 94, 95, 96.

Eisenerzlagerstätten

110. Koert, W., Eisenerzlagerstätten der deutschen Kolonien usw. The Iron Ore Resources of the World. Stockholm 1910.
111. Guillemain, C., Die Eisenindustrie der Eingeborenen Kameruns. Kol. Rdsch. 1910.

Weitere Angaben über Eisenerzvorkommen finden sich in Lit. Nr.: 18, 26, 33, 50, 51, 57, 59, 61, 64, 65, 66, 67, 69, 70, 81, 82, 87, 88, 91, 93, 94, 95, 96.

Manganerzlagerstätten

112. Mann, O., Vorkommen von Manganerzen im Dschang-Bezirk. Amtsbl. f. d. Schutzgeb. Kamerun 1909, S. 156.

Weitere Angaben über Manganvorkommen finden sich in Lit. Nr.: 18, 26, 33, 50, 51, 57, 59, 61, 64, 65, 66, 67, 69, 70, 81, 82, 87, 88, 91, 93, 94, 95, 96.

Kohle

113. Buisson, E. M., u. G. Depape, Le gisement de lignite de Dchang (Cameroun Occident). Ann. Soc. Géol. Nord. 56, 1931, S. 204.

Weitere Angaben über Kohlenvorkommen finden sich in Lit. Nr.: 18, 26, 33, 50, 51, 57, 59, 61, 64, 65, 66, 67, 69, 70, 81, 82, 87, 88, 91, 93, 94, 95, 96.

Erdöl

114. Die Petroleumfunde am Mungo (Kamerun). Organ d. Ver. d. Bohrtechniker 1904, Nr. 14, S. 12.
115. Jaekel, O., Die Petroleumfunde am Mungo. Bohrtechniker-Ztg., Wien 1904, S. 12.
116. Monke, H., Bericht über das Vorkommen von Erdöl in Kamerun. Berlin, 15. Okt. 1905.
117. Hutter, D., Im Ölgebiet von Kamerun. Globus 1906, S. 1.
118. Gagel, C., Kohlen- und Petroleumfunde in Kamerun. Bergwirtschaftliche Mitteilungen 1910.
119. Guiselin, A., Le pétrole au Cameroun. La Revue pétrolifère, Paris 1923, Nov.
120. Bernouilli, Le pétrole au Cameroun. Revue pétrolifère 1926, Bd. 27, S. 9.
121. Anonym: Indices d'hydrocarboures à Douala. Chron. Mines col. 1934, Nr. 33.
122. Anonym: Les grès ferrougineux hydrocarboures au Cameroun. Chron. Mines col. 1934, Nr. 30.
123. Mission de prospection de pétrole au Cameroun. Chron. Mines col. 1935, Nr. 42.
124. de Vries, J., Recherches de pétrole en France et aux colonies (betr. Kamerun). Rev. pétrole 1937, 766, S. 1831.

Weitere Angaben über Erdölvorkommen finden sich in Lit. Nr.: 18, 26, 33, 50, 51, 57, 59, 61, 64, 65, 66, 67, 69, 70, 81, 82, 87, 88, 91, 93, 94, 95, 96.

Übrige Erze und Nichterze

Angaben finden sich in Lit. Nr.: 18, 26, 33, 50, 51, 57, 59, 61, 64, 65, 66, 67, 69, 70, 81, 82, 87, 88, 91, 93, 94, 95, 96.

II. Teil:

Die nutzbaren Minerallagerstätten von Togo

Allgemeiner Teil

A. Landeskundliche Verhältnisse

1. Geographische Lage

Togo ist die kleinste unserer afrikanischen Kolonien. Sie liegt an der Westküste Afrikas, an dem „Sklavenküste" genannten Teil des Golfes von Guinea. Seinen Namen erhielt das Schutzgebiet nach einer kleinen, an der Südostecke des Togosees gelegenen Landschaft, deren Häuptling der erste war, der mit Dr. Nachtigal einen Schutzvertrag abschloß. Togo nimmt an der Küste nur einen Streifen von rund 60 km nördlich des 6. Grades nördlicher Breite ein, erstreckt sich aber in nördlicher Richtung ungefähr 560 km weit ins Innere bis etwas über den 11. Grad nördlicher Breite hinaus. In der Westostausdehnung reicht es nur vom $^1/_2$ Grad westlicher bis nahe an den 2. Grad östlicher Länge. Seine durchschnittliche Breite beträgt etwa 175 km. Im Süden grenzt Togo an den Atlantischen Ozean, im Osten bildet das französische Dahomey die Grenze, im Norden das französische Gebiet Haut Sénégal et Niger und im Westen die englische Goldküstenkolonie.

Togo besitzt einen Flächeninhalt von rund 87200 qkm. Nach dem ersten Weltkriege wurde Togo zum Mandatsgebiet erklärt; sein östlicher größerer Teil mit 54600 qkm kam unter die Verwaltung des französischen Kolonialministeriums in Paris, der westliche Teil mit 32600 qkm hingegen ist der englischen Goldküste angegliedert worden.

2. Oberflächengestaltung

Togo kann im wesentlichen als ein Teil Oberguineas betrachtet werden und liegt an einer sehr bemerkenswerten Stelle, nämlich da, wo die im Westen geschlossene Schwelle von Oberguinea völlig unterbrochen ist.

Das Tiefland der Sklavenküste ist in Togo schmal, aber kompliziert gebaut. Am Meere liegt zunächst ein flacher, einige hundert Meter breiter Sandwall, auf den eine mit Lagunen und sumpfigen Flußläufen erfüllte Ebene folgt, die sich fast im Meeresniveau befindet.

Anschließend erhebt sich das Land mit 10—20 m hohem deutlichem Rand zu einem sandigen Dünengebiet, dessen Südrand zum Teil noch von Lagunen durchfurcht wird. Zwischen dem Togogebirge und dem Dünengebiet liegt ein ziemlich ebenes, nach dem Inneren zu sanft ansteigendes, im Norden stärker gewelltes Gebiet, das sich im östlichen Teil der Kolonie fast bis an das Quellgebiet des Monu verfolgen läßt. Hier erheben sich auch zahlreiche Inselberge, deren relative Höhe meist zwischen 70 und 200 m schwankt.

Den größten Teil Togos durchzieht das zentral gelegene Togogebirge, das seine südliche Fortsetzung in der englischen Goldküstenkolonie findet. Die Hauptkette bildet an der Grenze mit der Goldküste ein schmales, in nordöstlicher Richtung streichendes Gebirge, das sich dann in den Landschaften Awatime und Kpoeta zu einem breiten Massiv, in dem sich eine größere Hochfläche befindet, ausdehnt. Parallel zu der Hauptkette verläuft eine Nebenkette, deren einzelne in sich geschlossene Bergketten sich oft unmittelbar aus der Ebene erheben. Die oben erwähnte Hochfläche umfaßt die Landschaft Kuma und Teile verschiedener anderer Landschaften und verbreitert sich im Norden zur Hochfläche von Daji. Das ausgedehnteste Hochland ist dasjenige von Akposso. Dazu kommen im Norden die Hochflächen von Kabu, Adele, Atjuti, Farau und die Sudu-Dako-Hochfläche. Der Ostrand des Gebirges fällt bis zu einer südöstlichen, in der Richtung nach Atakpame führenden Abzweigung ziemlich steil ab.

Die Seehöhe der vom zentralen Togogebirge gebildeten Hochflächen schwankt zwischen etwa 500 und 850 m; die Höhe der aus diesen Hochflächen sich heraushebenden Berge erreicht bis zu 1000 m.

Von den das zentrale Togogebirge begleitenden, meist inselartig sich erhebenden Bergen und Bergmassiven sind auf der Ostseite die wichtigsten: Die Kadangaberge, der Adaklu, das Agumassiv, der Gibia, der Eupanbo, die Adjobugruppe und das Korongagebirge. Von den im Westen dem Togogebirge vielfach vorgelagerten größeren zusammenhängenden Gebirgsketten sind die bedeutendsten unter dem Namen Kunjagebirge und den Parallelketten von Santrokofi, Akpafu, Baika und Tetemang bekannt. Schließlich wären noch die Inselberge zu erwähnen, die die nördliche Fortsetzung des zentralen Togogebirges bilden. Der höchste unter ihnen ist das Bassarimassiv mit einer Höhe von rund 690 m. Noch weiter nördlich breitet sich die Karaebene aus.

Den westlichen Teil des Schutzgebietes bildet eine gewaltige, nach Norden zu sanft ansteigende Ebene. Sie begleitet das von Südsüdwest nach Nordnordost streichende Gebirge fast auf seiner ganzen Erstreckung und wird vom Volta- und Otifluß durchströmt.

3. Klima und Entwässerung

Togo liegt mit seiner gesamten Erstreckung in der nördlichen heißen Zone. Nur im Togogebirge verursachen die inselartig emporragenden Höhen Abweichungen von dem sonst einheitlichen Klima, das sich durch die unmittelbar aufeinanderstoßenden klimatischen Gegensätze zwischen der Wüste im Norden und dem Atlantischen Ozean im Süden als ein Ausgleichsklima entwickelt hat. Der Gang der Jahreszeiten wird durch den Wechsel von Regen- und Trockenzeiten bestimmt. Im Sommer wehen die feuchten Winde des Südwest-Monsuns, die im Süden des Landes reichliche Niederschläge bringen. Im Norden sind die Monate Dezember bis März so gut wie regenlos; es herrscht trockener Nordpassat, der in dem staubführenden Harmattan am extremsten ausgeprägt ist.

Die Niederschläge werden durch die Lage der Kolonie zwischen den Wendekreisen bestimmt und insofern beeinflußt, als durch den zweimaligen Zenitstand der Sonne im Frühling und Herbst ein zweimaliges Anschwellen der Niederschläge innerhalb der Regenzeiten verursacht wird. Der Eintritt dieser Zenitalregen und ihre Stärke ist zeitlich und örtlich verschieden. An der Küste und im südlichen Teil Togos sind die Monate April bis Juni und September-Oktober (mit einem Maximum im Oktober) in der Regel die regenreichsten. Im mittleren Togo ist die Verteilung der Regen ähnlich, nur mit dem Unterschied, daß nur ein Regenmaximum vorliegt, das in den Monat September fällt, wogegen die erste Regenperiode kaum mehr ausgeprägt ist. Im Norden ist die Regenzeit ausgedehnter; die erste Regenperiode ist nicht mehr vorhanden, die zweite erreicht ihren Höhepunkt in den Monaten Juli bis September.

Die jährlichen Niederschlagsmengen weisen recht komplizierte Verhältnisse auf. Die ganze Guineaküste zwischen Lome und Akra ist ein für tropische Küsten sehr regenarmer Landstrich. Dementsprechend stellt Lome mit einer mittleren jährlichen Niederschlagsmenge von 723 mm den regenärmsten Punkt der Kolonie dar. Nach dem Inneren, namentlich in den Gebirgen, nehmen die Niederschläge zu. Die höchsten Regenmengen weisen die im zentralen Togogebirge gelegenen Orte Amedschovhe und Misahöhe mit einer mittleren jährlichen Regenmenge von 1658 bzw. 1639 mm auf. Von hier nimmt die Niederschlagsmenge nach allen Richtungen, auch nach dem Norden wieder allmählich ab. Groß sind vor allem auch die Niederschlagsschwankungen, wenn man sie über die einzelnen Monate verfolgt.

Der Verlauf der mittleren Jahrestemperatur ist entsprechend der tropischen Lage Togos ein gleichmäßiger. Bemerkenswert ist allerdings, daß das Temperaturmaximum in das Ende des Winters und das Minimum in den Sommer fällt. Es hängt dies mit den das Land beherrschenden Windsystemen und den davon abhängigen Bewölkungsverhältnissen zusammen. Die mittlere Jahrestemperatur beträgt an der Küste 26—26$^1/_2$^{0} C, im Gebirge ist sie etwas niedriger, an manchen nordwestlich des Togogebirges gelegenen Orten ist sie höher. Die größten täglichen Schwankungen fallen in die Harmattanmonate Dezember, Januar oder Februar.

Die Entwässerung Togos erfolgt im wesentlichen durch die bedeutenden Stromgebiete des Volta und des Monu. Beide werden durch das Togogebirge, das als Wasserscheide anzusehen ist, voneinander getrennt. Der Volta durchströmt mit seinen wichtigsten linken Nebenflüssen, dem Daka oder Kulukpene und dem Oti das große Tiefland, das sich westlich des Togogebirges erstreckt. Der Monu durchfließt in südlicher Richtung eine bis weit ins französische Dahomeygebiet sich ausdehnende Ebene, welche in schwacher Neigung zur Küste abfällt. Im zentralen Togogebiet entspringen die Flüsse Schio und Haho und münden in den Togosee. Dieser stellt eine Lagunenniederung dar und liegt in nächster Nähe der Küste. Seine Tiefe beträgt 2—3 m; seine Oberfläche mißt etwa 50 qkm. Zu erwähnen sind noch die Lagunen, welche in ihren wesentlichen Linien parallel zur Küste verlaufen.

4. Vegetation

Es ist nicht unwahrscheinlich, daß Togo ehemals zum allergrößten Teil mit Urwald bestockt gewesen ist. Durch Rodungen sind nach und nach immer größere Flächen für die Bodenbebauung in Anspruch genommen worden. Da hiermit aber auch die bekannte niederschlagspeichernde Wirkung des Urwaldes beseitigt wurde, übte man damit sowohl eine sterilisierende als auch eine austrocknende Wirkung auf den Boden aus. Die wahrscheinliche Folge war das Entstehen der über den größten Teil von Togo verbreiteten Baumsteppe.

Der Dünengürtel an der Küste trägt nur mehr einige kleinere Urwaldreste; im übrigen ist er, soweit der Mensch das Land nicht für Kulturen in Anspruch genommen hat, von einem schwer durchdringbaren Gebüsch bedeckt. An dem den Lagunen zugekehrten Rande des Dünengürtels findet man häufig die wilde Dattelpalme und ziemlich sterile, grassteppenartige Flächen. An Kulturen gedeiht auf dem Dünengürtel vornehmlich die Kokospalme und Maniok. Die Lagunen selbst sind verhältnismäßig arm an Mangroven. An sie anschließend folgen nach dem Norden weite Strecken mit Mais- und Maniokkulturen. Die nichtbebauten Stellen sind von einem übermannshohen, dichten, schwer durchdringbaren Busch bedeckt. Dann folgt die sogenannte Ölpalmzone. Hier findet man noch ziemlich häufig Waldreste, aber auch die Baumsteppe ist verbreitet. Diese beherrscht das sich nördlich anschließende Gebiet und reicht bis an das Gebirge. Ein jäher Wechsel der Vegetation tritt im Gebirge ein, wenn auch die Togobaumsteppe noch immer anzutreffen ist. Größere Flächen des tropischen Regenwaldes bedecken die Berghöhen; in den Lichtungen der Waldgebiete wächst das hohe, starke Elefantengras.

5. Bevölkerung

Die Eingeborenenbevölkerung Togos beträgt rund 1,1 Millionen Köpfe, von denen etwa 763000 auf den französischen und 360000 auf den britischen Mandatsteil entfallen.

Vor dem Weltkriege war die Verteilung der farbigen Bevölkerung auf die einzelnen Bezirke wie folgt:

Bezirk	Eingeborene	Menschen/qkm
Lome Land	136400	37,5
Anecho	123237	45,4
Misahöhe	140000	14,8
Atakpame	80000	5,3
Kete-Kratschi	20000	1,3
Sokode	300000	13,7
Sansane Mangu	225000	10,3
Lome Stadt	7078	
Insgesamt:	1031715	11,58

Die starke Bevölkerungszunahme, die der britische Mandatsteil nach dem ersten Weltkriege zu verzeichnen hatte, ist größtenteils durch eine erhebliche Abwanderung aus dem französischen Anteil zu erklären. Der größte Teil der Eingeborenen besteht aus Sudannegern.

6. Erzeugungswirtschaft

Bis zur Wende des Jahrhunderts war man sich in Togo, aber auch in den benachbarten Kolonialgebieten noch nicht klar darüber, worin die wirtschaftliche Zukunft des Landes zu erblicken sei. Wissenschaftliche Untersuchungen ergaben anfangs, daß die nährstoffarmen

Böden und die ungünstigen klimatischen Bedingungen weder die Küste noch das Gebirge für Kaffee- und Kakaoplantagen geeignet machten. Später erst konnte man nachweisen, daß dies nur für die Küstengebiete zutraf, wogegen die gebirgigen Teile heute erhebliche Mengen an beiden Kulturen hervorbringen. Mit der Zeit fand auch die Baumwollkultur Eingang und verbreitete sich mehr und mehr. Vor dem ersten Weltkriege waren Palmöl und Palmkerne die wichtigsten Erzeugnisse des Landes, das sich rasch zu einer Musterkolonie entwickelte und seit 1904 ohne Reichszuschüsse auskam. An dritter Stelle stand der Kautschuk, der von den Eingeborenen aus wilden Beständen gewonnen wurde. Nach dem ersten Weltkriege entwickelte sich die schon zur deutschen Zeit eingeführte Kakaokultur zu dem wichtigsten Wirtschaftszweige der Kolonie. Von dem zum Kakaobau geeigneten Land liegen rund vier Fünftel im englischen Mandatsteil.

Die Ausfuhr Togos nach dem ersten Weltkriege läßt sich nur für den französischen Mandatsteil erfassen. Die Ausfuhr des britischen Anteiles ist nicht mit völliger Genauigkeit festzustellen, da ein Teil über die Goldküste ausgeführt wird, ein anderer Teil, insbesondere Kakao, über die Mandatsgrenze nach Lome geht und in der Ausfuhrstatistik des französischen Mandatsgebietes erscheint. Nach der französischen Statistik waren die wichtigsten Ausfuhren im Jahre 1937:

	Menge in t	Wert	
		in Frs.	in RM.
Kakao	8028	24083000	2432383
Palmkerne	12452	17226000	1739826
Mais	15982	7878000	795678
Baumwolle	1633	7668000	774468
Kopra	3045	5481000	553581
Palmöl	1760	3809000	384709

Im Jahre 1912 waren die wichtigsten Ausfuhren:

	Menge in t	Wert in RM.
Palmkerne	11639	3380000
Palmöl	3337	1413000
Kautschuk	166	976000
Baumwolle	551	515000
Rinder	7682[1])	506000
Kakao	283	243000

[1]) Stück.

In Togo hat sich bisher trotz mancher Anzeichen von Mineralvorkommen noch kein Bergbau entwickelt; es fehlen auch Untersuchungen größeren Stils, um den wirtschaftlichen Wert dieser Fundpunkte festzustellen.

7. Verkehrsverhältnisse

Die Küste Togos bildet eine offene Reede; geschützte Häfen kennt man nicht. Der Verkehr zwischen den weit vom Land ankernden Seeschiffen und der Küste wird von Booten durchgeführt, für die die jahraus, jahrein an der Togoküste anstehende Brandung ein schweres Hindernis bildet. Es wurde deshalb bei Lome eine eiserne Landungsbrücke weit in die See hinausgebaut, die 1904 dem öffentlichen Verkehr übergeben werden konnte.

Natürliche Wasserwege, welche für den Verkehr nutzbar gemacht werden können, sind nur in sehr beschränktem Maße vorhanden. In erster Linie kommen die Lagunen und der Togosee in Betracht, die nur für die Kanus der Eingeborenen und für sehr flachgehende Boote befahrbar sind. Mit dem Lagunennetz steht der Monu in Verbindung, der allerdings nur auf seiner untersten Strecke zwischen Agbanake und Awewe das ganze Jahr über befahrbar ist. Je nach den Regenverhältnissen kommt man während 4—6 Monaten im Jahre bis Tokpli und unter günstigen Verhältnissen sogar bis Togodo. Aber auch der Monufluß kann lediglich von Kanus und von flachgehenden Booten befahren werden. Ein Versuch der französischen Regierung, zwischen Groß-Popo und Athiem einen Raddampferverkehr einzurichten, scheiterte an den ungünstigen Wasserverhältnissen. Der Volta würde als Wasserstraße eine größere Bedeutung haben, doch bildet sein linkes, sich auf deutscher Seite befindliches Ufer die Grenze. Im Otifluß müßten erst der Wasserstand reguliert und die noch vorhandenen Schiffahrtshindernisse beseitigt werden.

Das Straßennetz Togos war bereits vor dem ersten Weltkriege gut entwickelt und ist besonders von den Franzosen weiter ausgebaut worden, während die Engländer sich weniger damit beschäftigt haben.

Togo besitzt drei Eisenbahnlinien, die sämtlich von der Hauptstadt Lome ausgehen und innerhalb des unter französischer Mandatsverwaltung stehenden Gebietes verlaufen. Es bestanden zur deutschen Zeit die Eisenbahnen von Lome nach Anecho, 44 km lang, von Lome nach Palime, 119 km lang, und von Lome nach Atakpame, 167 km lang. Diese Strecke war ursprünglich bis Sokode geplant, wurde aber von den Franzosen zunächst nur bis Blita (276 km) ausgebaut.

B. Der geologische Bau und die geologische Entwicklungsgeschichte

Geologisch gehört Togo der Großregion Guinea-Sudan an, in deren Südabschnitt es nur einen schmalen Streifen einnimmt. Nach Krenkel kann Togo innerhalb seiner geologischen Umwelt folgendermaßen umrissen werden: Zwischen dem Dahomey-Massiv im Osten und der Liberia-Masse im Westen, die zwei starre, jung herausgehobene Blöcke aus uraltem Material darstellen, befindet sich eine mit algonkischen Formationen erfüllte Mulde. Sie bauen im Osten das Togo-, im Westen das Aschanti-Gebirge auf. Der innerste Kern dieser Mulde besteht aus ungefalteten, schwach eingebogenen Schichten der Oti-Formation.

Das Baumaterial setzt sich im östlichen Teil vornehmlich aus Gesteinen des Grundgebirges von archaischem und algonkischem Alter zusammen. Darüber liegt im Westen das Altpaläozoikum des Oti-Beckens; aus dem Küstenlande kennt man Meeresablagerungen des Tertiärs und Quartärs.

1. Stratigraphie

a) Archaikum

Die ältesten Schichten Togos, das kristalline Grundgebirge, dürften restlos dem Archaikum angehören. Dieses Archaikum nimmt ungefähr das südöstliche Drittel von Togo ein und dehnt sich von hier durch Dahomey und Nigerien hindurch bis nach Kamerun aus. Es ist eine Fastebene mit Inselberglandschaften.

Ein zweites kristallines Gebiet aus metamorphen Schiefern und Eruptivgesteinen kommt im äußersten Norden Togos vor. Es nimmt hier eine relativ kleine Fläche zwischen dem Oberen Volta und dem Plateau von Sansane-Mangu ein und ist südwärts bis zu den Flüssen Kulugona und Bamanga zu verfolgen.

Das Archaikum setzt sich hauptsächlich aus Gneisen zusammen, die gefaltet sind und ungefähr N—S streichen. Diese Gneise des Grundgebirges sind in der Hautsache alte Eruptivgesteine, doch kommen daneben auch Paragneise vor. Die Orthogneise sind mannigfach ausgebildet und liegen als Hornblende-, Glimmer- oder Hypersthengneise vor, gehören demnach einem Kalk-Alkali-Magma an.

In den Gneisen findet man Einlagerungen von Amphiboliten und Eklogiten sowie Intrusionen von Tiefengesteinen der Gabbrofamilie und etwas jüngerer Gesteine der Granit- und Dioritreihe.

b) Algonkium

Im Westen wird das archaische Grundgebirge durch eine Serie von Schichten begrenzt, die eine Art von Rumpfgebirge bilden, das von Koert als Togogebirge bezeichnet wurde. Es handelt sich am einen Gebirgszug, der von Akra an der Goldküste zunächst nach Nordosten bis in die Gegend von Atakpame zieht, von hier aus nach Norden bis an die Nordostgrenze von Togo verläuft und dann auf dem französischen Gebiet von Dahomey in den Atakora-Bergen wieder mehr in die Nordost-Richtung umbiegt.

Nach Koert baut sich das Togogebirge aus stark gefalteten, aber weniger als die Gesteine des Grundgebirges metamorphosierten Schichten auf. Sie sind etwa 400—700 m mächtig und ruhen nach Kouriatchy diskordant auf dem kristallinen Untergrund; sie bilden eine geschlossene Fläche, reichen aber in Inseln auch in den Gneis des Grundgebirges und setzen hier eine Reihe von Massiven zusammen, die dem Togogebirge parallel streichen (Tututo, Tokoto, Loto Loboto u. a.).

Das Hauptgestein ist ein Quarzit, der in seiner Gesamtheit mehrere hundert Meter mächtig ist und durch schmale Lagen von Glimmerschiefer, Phyllit, Tonschiefer, Eisenquarzitschiefer und gelegentlich auch Graphitschiefer in mehrere Horizonte unterteilt wird. Nach der Basis zu treten auch Amphibolite und Gneise auf. Die gleichen Verhältnisse herrschen nach Hubert auch an der westlich sich anschließenden Goldküste, wo im Hangenden metamorphe, zum Teil goldhaltigen Konglomerate noch hinzukommen, die gelegentlich mit den Witwatersrandkonglomeraten verglichen wurden. Sie wurden auch in Togo an einigen Stellen angetroffen.

Die Eisenquarzitschiefer (Itabirite) scheinen in Togo zwei Horizonte zu bilden, die sich durch die ganze Kolonie verfolgen lassen. Sie bestehen ausschließlich aus Quarziten mit lagenweise eingestreuten Körnern und Lamellen von Hämatit, seltener Magnetit bzw. Martit. Da Tonerdemineralien fehlen, nimmt Behrend eine Entstehung aus durch Brauneisen verkitteten Sanden oder aus Sand mit Roteisenteilchen (Eisenseifen) als wahrscheinlich an. Im Gegensatz zu Koert schreibt Kouriatchy dem Togogebirge ein kambrisches Alter zu.

c) Buëmformation (Altpaläozoikum)

Auf der Westseite wird das Togogebirge durch ein ihm an Höhe wenig nachgebendes Vorgebirge begrenzt, welches das gleiche NNO—SSW-liche Streichen besitzt und im Durchschnitt nicht breiter als 20—30 km ist. Es kann als ein Schollengebirge angesehen werden. Es gehören hierher die Gebirge bei Kpandu, von Buëm, Kpangpantu und das Kuppenland von Bassari. Bei Kuruntiere tritt die Buëmformation in noch ansehnlichen Bergzügen in das französische Gebiet hinüber.

Die Buëmformation setzt sich aus hellen kaolinführenden Sandsteinen mit Einschaltungen von Tonschiefer-, Quarzit- und Hornsteineinlagen zusammen. Der liegende Teil führt ziemlich mächtige Konglomerate. In einem der tiefsten Horizonte glaubte Koert einen Tillit, also eine alte Grundmoräne zu erkennen. Robertson jedoch konnte sich nicht vom glazialen Ursprung dieser Konglomerate überzeugen. Neuerdings sprach sich Range wieder für den glazialen Charakter der Konglomerate aus parallelisiert sie mit den Tilliten Deutsch-Südwestafrikas.

Im Gegensatz zur Birrimserie der Goldküste fehlen beträchtliche Intrusionen von Tiefengesteinen in der Buëmformation. Lokal treten basische Einschaltungen von geringem Umfang, wie Serpentin und ein serpentinisiertes Gabbrogestein auf. Daneben konnten auch Diabase und deren Tuffe festgestellt werden. Zwischen Kpandu und Akroso dehnt sich längs des Volta ein Gebiet von Ergußgesteinen aus (Quarzporphyre, Porphyrite, Diabase nebst zugehörigen Tuffen), denen Robertson das gleiche Alter wie der Buëmformation zuschreibt.

In der Buëmformation treten schließlich größere Eisenerzlager, namentlich in der Gegend von Banjeli, Bassari, Kabu und Djopli auf (s. d.). Sie sind Sandsteinen und Konglomeraten zwischengeschaltet.

Der stellenweise 2000—2600 m mächtigen Buëmformation wurde von Koert auf Grund seiner Annahme, daß es sich beim Grundkonglomerat um einen Tillit handelt, ein permokarbonisches Alter zugeschrieben. Die neueren Forschungen von Hubert, Malavoy und anderen französischen und englischen Geologen lassen aber erkennen, daß die Buëmformation offenbar mit der Transvaal- und Namaformation in Südafrika und mit den Katangaschichten in Belgisch-Kongo zu parallelisieren ist.

Die Gesteine der Buëmformation liegen diskordant über den Togoschichten. Sie sind wie diese gefaltet und von Brüchen durchsetzt. Die Faltung streicht von SW nach NO. Infolge der Bruchbildung und der Faltung sind die Buëmschichten oft stark zerklüftet und von Quarzgängen durchtrümert.

d) Otiformation (Silur bis Unterkarbon)

Die Otischichten nehmen eine weite Fläche ein, die sich vom nordwestlichen Teil der englischen Goldküstenkolonie über den Mittellauf des Volta bis über das gesamte Otibecken ausdehnt.

Die tiefsten aufgeschlossenen Teile der Otischichten bestehen aus Schiefertonen mit gelegentlichen Kalksteineinlagen. Darüber folgen feinkörnige lichte Sandsteine, die stark kaolinisierte Feldspäte führen, mit Glimmerlagen, Tongallen und Hornsteineinlagerungen. Die stellenweise eingelagerten Konglomerate führen neben archaischen Gesteinen auch solche der Buëmformation.

Nach Robertson sind die vorwiegend flach oder nur schwach geneigten Otischichten offenbar unter einem Wüstenklima in einem Meeresbecken abgesetzt worden.

Außerhalb Togos gelang es, durch Fossilfunde das Alter einzelner Horizonte vom Obersilur bis zum Unterkarbon nachzuweisen. Damit kann man die Otiformation mit dem Transvaalsystem parallelisieren.

Eruptivgesteine sind aus dem Gebiete der Otischichten unbekannt.

e) Eozän

Das Eozän enthält in Togo die ersten sicher bestimmbaren Fossilien. Es sind Kalksteine mit Algen, Foraminiferen, Mollusken, Krebsen, Haifischzähnen u. a. Die eozänen Kalksteine treten am Unterlauf des Monuflusses an der südlichen Ostgrenze auf. Hier kommt der Kalkstein beim Orte Tokpli, etwa 80 km von der Küste entfernt, zutage. Stellenweise enthält er Phosphoritknöllchen. Der Kalkstein scheint eine größere Verbreitung zu haben, ist aber meist durch pleistozäne Sedimente verdeckt. Da diese Decke aber anscheinend nicht sehr stark ist, konnte Eozän auch an mehreren anderen Stellen des südlichen Togo bei Brunnenbohrungen nachgewiesen werden.

f) Pleistozän

Die Schichten des Pleistozäns setzen das schmale Küstenplateau zusammen. Sie bestehen aus Lehmen, Sanden und Kiesen. Gelegentlich fanden sich auch Holz- und Braunkohlenreste und Sapropeltone. Wahrscheinlich handelt es sich um fluviatile Absätze aus der Wende vom Tertiär zum Quartär. Eine 75 m tiefe Bohrung hinter der Lagune bei Lome durchsenkte anscheinend noch in den Pleistozänschichten zwei Lagen von Sapropelton mit braunkohleartigen Holzresten. Der Lehm ist an der Oberfläche infolge der tropischen Verwitterung stets in Rotlehm umgewandelt. Die Verwitterung kann eine Tiefe bis zu 5 m erreichen.

2. Tektonik

Das Archaikum Togos ist in Falten gelegt, die — sofern nicht spätere Verschiebungen stattfanden — in der N—S-Richtung, also kaledonisch streichen. Mit dem Grundgebirge zeigt auch das Togogebirge vorwiegend ein Streichen seiner Schieferung um die Nord-Richtung. Nur die Streichrichtung des Sudu-Dakoplateaus und des Korongogebirges nähert sich der O—W-Linie. Das Einfallen ist vorwiegend nach Osten, seltener nach Westen gerichtet. Nach Koert weist das Togogebirge an seiner Westseite gegen die Buëmformation wahrscheinlich NNO laufende Bruchlinien auf und die Buëmschichten fallen daher gewöhnlich gegen das Togogebirge hin, also östlich ein. Von ähnlichen, gleichfalls NNO laufenden Brüchen scheint die Otiformation gegen die Buëmformation abgesetzt zu sein. Auch hier sind die Otischichten im Grenzgebiet gegen die Buëmformation nach Osten geneigt, während sie sonst nahezu horizontal liegen.

Demnach ist in Togo vornehmlich nur die somalische Streichrichtung, der auch die Zone der sauren Eruptivgesteine und die Anordnung der Goldfundpunkte folgt, vertreten, und die in den Nachbargebieten beobachtete Vergitterung fehlt oder ist zumindest nicht wahrnehmbar ausgeprägt.

3. Grundwasserverhältnisse

Von R. Pfalz

Der Wasserbedarf von Togo wird durch die Eigenheiten des Klimas bestimmt. Die meisten Niederschläge bringt der Südwestmonsun, der im Sommer landeinwärts weht, oder sie fallen in Form von Zenitalregen. Dagegen verursacht in den Wintermonaten der Nordostpassat eine Trockenzeit. Sie kann noch an der Küste 8 bis 10 Monate anhalten. Da die Küstenregion außerdem zu wenig Erhebungen aufweist, um den Südwestmonsun zum Abregnen zu bringen, und periodisch auftretendes kaltes Auftriebwasser im Meere das Einstreichen kühler Seeluft bedingt, die sich über dem Lande nur erwärmen und damit nur austrocknend wirken kann, treten gerade in Lome und seinem näheren Hinterland ständig Schwierigkeiten der Wasserversorgung auf. Im Gegensatz dazu hat das Togogebirge die größten Niederschlagsmengen; sie betragen stellenweise 1500 und mehr Millimeter im Jahre und begünstigen die Ortschaften in größerer Höhenlage und am Fuße des Gebirges; denn das ganze Jahr hindurch kann hier das notwendige Wasser den Flüssen entnommen werden. Die Quellen, die flacheren Höhen entspringen, können freilich schon in kurzer Entfernung im Untergrund versickern; in den Ebenen behelfen sich die Eingeborenen in der Trockenzeit mit dem schmutzigen Vorrat stagnierender Gewässer oder mit Regenwasser, das sie in Töpfen aufsammeln, die in die Erde gegraben werden. Von der Notwendigkeit abgesehen, diese Bräuche durch eine hygienische Wasserversorgung zu ersetzen, muß in solchen Gegenden natürlich vor allem auch dem Europäer einwandfreies Wasser zur Verfügung gestellt werden. Die deutsche Regierung widmete diesen Maßnahmen schon frühzeitig ihre Aufmerksamkeit. Zwischen Lome und Atakpame wurden große Regenwasserbehälter aufgestellt; Tankwagen brachten Wasser zu den Bahnstationen, wo es auch an die Eingeborenen abgegeben wurde. Die schlechten Brunnen der Eingeborenen an der Lagune wurden durch Bohrungen ergänzt, bei denen sich vor allem die pleistozänen Sande und Kiese als günstig erwiesen. Die Franzosen fügten einige Brunnen in neuerer Zeit hinzu. In der Mehrzahl der Fälle wurde hier der Grundwasserhorizont in 30—40 m Tiefe angetroffen; er wird auch von einigen besseren Brunnen der Eingeborenen erschlossen und scheint südlich der Linie Noepe-Topli ein küstenwärts gerichtetes Gefälle zu besitzen. Möglicherweise handelt es sich um Grundwasserströme; ihre Sohlschicht ist noch unbekannt. — Auch an anderen Stellen des südlichen Togo werden Grundwasseransammlungen im Schwemmland, vor allem in Geländemulden oder in Flußsedimenten, ausgenutzt. Die gegrabenen Löcher sind aber häufig so flach, daß sie in Trockenzeiten nicht aushalten. — Im welligen Gelände ist der Laterit oft bis in größere Tiefen wasserführend, wie zwischen Lome und Palime, wo mehrere Eingeborenenbrunnen das Wasser in 25 m Tiefe erreichen; allerdings erschöpfen sie sich leicht. Auf der Fastebene über dem Kristallin ist im Verwitterungsboden an der Grenze gegen das Anstehende vielerorts Wasser angereichert. Zuverlässiger erscheint aber Schichtwasser in verfestigten Sedimenten, z. B. in den eozänen Kalken nördlich der Linie Noepe—Topli, wo Brunen zum Teil auf mehr als 60 m Tiefe niedergebracht werden müssen. In dieser Hinsicht wird man sich bei einer zukünftigen Erschließung des Inneren Erfolge besonders von Bohrungen in den geschichteten Gesteinen des Oti- und Buëmsystems versprechen können; hier dürfen auch die Voraussetzungen für artesische Vorkommen erwartet werden. Vorläufig sind darüber aber zu wenig Beobachtungen angestellt worden, um die Beziehungen zwischen dem Untergrund, den örtlichen klimatischen Bedingungen und der Grundwasserführung durch zuverlässige Beispiele belegen zu können. Noch weniger ist bisher über Mineral und Thermalquellen bekannt geworden.

C. Die magmatischen Phänomene

1. Eruptivgesteine

Die ältesten Eruptivgesteine des Archaikums liegen heute als Orthogneise sowie seltener als Eklogite und Amphibolite vor. Sie sind alle stark metamorph verändert, müssen demnach vor der Hauptfaltungsphase im Archaikum entstanden sein. Es handelt sich anscheinend um weniger saure Magmen, denn die sauersten Gesteine sind die Kalkalkaligneise. Wie Arsandaux nachweisen konnte, gibt es auch viele gabbroide gneisartige Gesteine. Eine dioritische Gneiszone mit hauptsächlich Epidot-Biotit-Gneisen begleitet zwischen Pode und Atakpame die Ostseite des Togogebirges. In der gleichen Zone treten auch Hornblende- und Glimmergneise, Granatamphibolite und Hyperstengneise auf. Diese letzteren Gesteine sind der Charnockitreihe sehr ähnlich und besitzen im Agugebirgsstock eine große Verbreitung. Die Amphibolite nehmen größere Flächen hauptsächlich im Westen ein. Sie haben eine verschiedenartige Zusammensetzung; dem entsprechend kann man Feldspat-, Granat-, Epidotamphibole u. a. unterscheiden.

Die Orthogneise werden nun ihrerseits von zahlreichen nichtmetamorphen Tiefengesteinen durchdrungen, deren Bildung mit der Ablagerung der Togoschichten im wesentlichen abgeschlossen gewesen sein muß, da man in diesen nur in den untersten Schichten und vereinzelt Eruptivgesteine beobachten konnte.

Bei diesen Eruptivgesteinen handelt es sich im wesentlichen um Tiefengesteine der Gabbrofamilie, die als Gabbros, Pyroxenite und Peridotite vorliegen. Sie sind größtenteils zu Serpentin umgewandelt und setzen die Ostseite des Togogebirges zusammen. Man kennt hier mehrere große Gebirgsstöcke, wie das Kalanga- und Meliendegebirge, die höchste Erhebung Togos, der 1020 m hohe Agu, und das Fupabogebirge. Weiter im Norden liegt das große Gebirgsmassiv von Kabure und Bufale. Da diese Eruptivgesteine vorzugsweise in einer SW—NO verlaufenden Zone angeordnet sind, kann man annehmen, daß die Intrusionen einer tektonischen Schwächezone am Ostrand des Togogebirges folgten.

Die Gabbros bilden größere Bergmassive und variieren in der mineralogischen Zusammensetzung. Ein Hypersthengabbro vom Pindi, einem Nebenfluß des Kara, zeigt unter dem Mikroskop Plagioklas, Hornblende, Omphazit, Hypersthen, untergeordnet Orthoklas, Quarz, Granat, Biotit, Sphen, Rutil, Zoisit und Apatit. Analyse 3 in Tabelle 1 zeigt die chemische Zusammensetzung eines quarzreichen Norits. Der Feldspat ist durch Labrador mit 50% An vertreten.

Die sauersten bisher bekanntgewordenen Eruptivgesteine dieses Differentiationszyklus sind die Granite mit ihrer Abfolge von Pegmatiten und Apliten. Dem Alter nach sind die Granite nicht genau einzuordnen. Möglicherweise handelt es sich, wie dies ja auch in der östlichen Nachbarkolonie der Fall ist, um zwei Generationen: Um präalgonkische und algonkische Granite. Es liegen Beobachtungen von Koert über gelegentliche Kontaktwirkungen von Graniten an Gabbros vor, so daß sie zumindest jünger sind als die basischen Eruptivgesteine des archaischen oder postarchaischen Differentiationszyklus, was ja auch ihrer Stellung innerhalb desselben gut entspräche. Daß hier aller Wahrscheinlichkeit nach ein und derselbe Differentiationszyklus vorliegt, erscheint plausibel, wenn man bedenkt, daß im Tal des zum Volta fließenden Tsavoeflusses die Togoschichten auf einem Granit lagern, ohne kontaktmetamorph verändert zu sein. Auch spricht die Tatsache, daß man im Algonkium mit Sicherheit noch keine Granitstöcke gefunden hat, für ein höheres Alter der meisten Granite.

Tabelle 1

Analysen einiger Eruptivgesteine aus Togo (nach Kouriatchy)

	1	2	3	4	5	6
SiO_2	49,54	53,44	56,02	57,26	61,02	69,16
Al_2O_3	13,88	18,41	16,87	17,08	16,87	15,02
Fe_2O_3	2,47	2,10	4,35	2,31	1,96	1,49
FeO	9,89	5,46	6,10	5,54	3,76	1,28
MnO	0,18	0,10	0,10	0,16	0,13	0,20[1])
MgO	7,46	5,22	4,19	3,09	2,21	0,42
CaO	12,14	9,10	6,12	7,18	5,44	2,52
Na_2O	1,56	3,18	3,19	3,19	4,77	3,95
K_2O	0,32	0,84	0,88	2,12	1,90	4,89
TiO_2	2,08	1,03	1,50	1,22	0,80	0,44
P_2O_5	0,06	0,15	0,18	0,43	0,40	0,05
H_2O^+	0,66	0,52	0,33	0,55	0,84	0,52
H_2O^-	0,16	0,21	0,07	0,16	0,14	0,11
Cl		0,03	0,08			
SO_2		0,18	0,43			
Cr_2O_3		0,03				
	100,40	100,00	100,41	100,29	100,24	100,05

[1]) MnO_2

1 = Mikrogabbro nördlich Lome,
2 = Quarzdiorit von Dapango,
3 = Quarzreicher Norit von Todji,
4 = Mikrodiorit vom Monu nördlich Togodo,
5 = Granodiorit von Agome bei Palime,
6 = Granit nördlich Lome.

Die Granite werden als Amphibolgranite und Plagioklas-Amphibolgranite beschrieben, sind demnach ausgesprochene Kalk-Alkaligranite. Dies geht auch aus der chemischen Zusammensetzung eines Biotitgranites aus der Gegend nördlich Lome hervor (Analyse 6 in Tabelle 1). Es ist ein feinkörniges leukokrates hellgraugefärbtes Gestein, das sich aus Oligoklas, Biotit, Quarz, Epidot, Sphen und den akzessorischen Gemengteilen Apatit, Zoisit und Magnetit zusammensetzt.

In der Gefolgschaft der granitischen Gesteine kommen gangförmige Pegmatite und Aplite vor. Sie treten bei Nuatja, Agbeluve, Kara usw. häufiger auf. Sie sind an der Oberfläche stark zersetzt und von einfacher Zusammensetzung. In der Gegend von Lome findet man z. B. Pegmatite, die nur aus einem Kalknatronfeldspat nebst etwas Orthoklas und Mikroklin bestehen. Nur gelegentlich lassen sie etwas Muskovit und Biotit erkennen. Doch gibt es auch Pegmatite mit vorwiegend Orthoklas und Mikroklin, wogegen Plagioklas und Quarz zurücktreten. Grüner Biotit, Muskovit, Granat und Zirkon bilden die akzessorischen Bestandteile. Schließlich findet man auch, wie in der Nähe von Atakpame, Pegmatite mit Plagioklas, Turmalin, Muskovit und Quarz. Bei Sokode in der Kara-Ebene kommen Pegmatite mit blauem Turmalin (Indigolith) und Glimmertafeln, die einen Durchmesser bis zu 10 cm erreichen, vor. Die Aplite bestehen hauptsächlich aus Plagioklas, Quarz und etwas Biotit.

Aus der vorliegenden Beschreibung ist zu ersehen, daß die Gesteine des archaischen bzw. postarchaischen Differentiationszyklus einen ausgesprochenen kalk-alkalinen Charakter besitzen. Man findet eine kontinuierliche Abnahme der Basizität von den Kalk-Alkali-graniten bis zu den Peridotiten, deren metamorphe Formen als Serpentine vorliegen. Man darf wohl annehmen, daß alle diese Gesteine einem gemeinsamen gabbroiden Magma entstammen, das einer gravimetrischen Differentiation unterworfen war. Die sauren Differentiationsprodukte spielten dabei nur eine untergeordnete Rolle und die tieferen, magnesiareichen Teile des Magmas herrschten vor.

Wie bereits erwähnt, kennt man innerhalb dieser Gesteinsfamilien Altersunterschiede und man kann feststellen, daß wohl der größte Teil der basischen Gesteine schon zu Anfang der orogenetischen Bewegungen entstand, die Diorite und ein Teil der Granite während derselben und die mit Pegmatiten verknüpften Granite erst nachher.

Jedenfalls schreibt auch Kouriatchy alle diese Gesteine dem Archaikum zu und betrachtet ihre Faltung als einen Teil der huronischen Gebirgsbewegung.

In den Togoschichten scheinen Eruptivgesteine größeren Ausmaßes zu fehlen. Wies dies noch im nächsten Kapitel dargelegt wird, kann man dem Fehlen von algonkischen Graniten auch das Fehlen des Zinns in Togo zuschreiben.

Eine magmatische Tätigkeit können wir erst wieder in der Buëmformation verzeichnen. Es handelt sich hier um basische Intrusionen von geringem Umfange, die als ein zum Teil serpentinisiertes Gabbrogestein vorliegen. Nach Koert kommen auch andere Eruptivgesteine in Form von Porphyriten, Quarzporphyren und Diabasen vor. Auch ihre Tuffe sind bekannt. Robertson beschreibt die gleichen Gesteine als Rhyolithe, Trachyte, Bostonite und Basalte, die das Gebiet zwischen Kpandu und Akroso längs des Volta beherrschen. Damit hört die magmatische Tätigkeit für Togo auf, deren Schwergewicht demnach ins Archaikum fällt.

2. Die Vererzung

Wie im vorhergehenden Abschnitt dargelegt wurde, handelt es sich in Togo im wesentlichen um Tiefengesteine der Gabbrofamilie, wogegen die Gesteine des grantischen Magmas nur eine untergeordnete Rolle spielen. Es konnte ferner gezeigt werden, daß die Differentiation einen ausgesprochenen kalk-alkalischen Charakter hatte, so daß auch die Vererzung eine andere ist wie z. B. diejenige von Kamerun. Entsprechend dem Magnesiareichtum der ersten Spaltungsprodukte findet man in Togo Chromitvorkommen, die an die zu Serpentin umgewandelten Gesteine des peridotitischen und gabbroiden Magmas gebunden sind. Der Chromit stellt allem Anschein nach die Hauptvererzung Togos dar.

Bei der weiteren Differentiation wurde das Magma immer magnesiaärmer, der Kalkgehalt nahm allmählich ab, und in den Graniten besitzen wir schon Vertreter der Kalk-Alkalireihe. Damit fand aber die Differentiation auch ihr Ende, was anscheinend damit zusammenhing, daß in Togo die Alkaligranite liefernden algonkischen Gebirgsbewegungen in größerem Ausmaße fehlen. Entsprechend diesem Abbrechen der Differentiation des Magmas im Kalk-Alkalistadium fehlen in Togo die Zinnlagerstätten. Zwar muß die Tendenz zur Alkalianreicherung vorgelegen haben, denn man findet gelegentlich Pegmatite, die fast ausschließlich aus Quarz und Orthoklas bestehen und größere Muskovitaggregate führen; der wesentliche Teil der Granite und ihrer Pegmatite besteht aber hauptsächlich aus basischen Plagioklasen und dementsprechend kam es auch nur zur Bildung von Goldlagerstätten. Allerdings scheinen die bisherigen Beobachtungen dafür zu sprechen, daß auch dieser Vererzungszyklus nicht sehr intensiv vor sich ging, so daß größere primäre Goldvorkommen nicht allzu wahrscheinlich sind.

Sieht man von den Eisenerzlagerstätten ab, so muß man Togo im Vergleich mit den anderen deutschen Kolonien eher als schlecht denn als gut vererzt bezeichnen. Trotz der sich immer mehr häufenden Anzeichen von Mineralvorkommen kann man auf Grund der geologischen Entwicklungsgeschichte und des Ablaufes der Differentiation des Magmas keine großen Überraschungen erwarten. Naturgemäß wird eine genaue Prospektion des Landes noch manche Fundpunkte zutage fördern, es wird sich aber außer dem Chrom wahrscheinlich nur um kleinere Vorkommen handeln.

Spezieller Teil: Die Minerallagerstätten

I. Forschungsgeschichte

Bevor Togo vom deutschen Reich in Besitz genommen wurde, waren hier Bremer und Hamburger Kaufleute ansässig. Sie hatten durch einen Vertrag mit einem Häuptling von Anescho das Recht erworben, dort Handel zu treiben. Die im Jahre 1882 erichtete Woermann-Linie lief mit ihren Dampfschiffen auch Togo an. Nachdem mehrere Häuptlinge von Anescho um einen deutschen Schutz angesucht hatten, schloß Dr. Nachtigal, der zum Reichskommissar für die westafrikanische Küste ernannte Generalkonsul, am 5. Juli 1884 mit dem Vertreter des Häuptlings Mlapa einen Schutzvertrag ab und hißte am gleichen Tage in Bagida und am folgenden in Lome die deutsche Flagge. Die deutschen Ansprüche auf Anescho wurden französischerseits bestritten und dieses vorübergehend von den Franzosen besetzt, doch erkannte die französische Regierung durch Protokoll vom 24. Dezember 1885 schließlich das deutsche Protektorat über Anescho an. Im Hinterlande Togos entstand nun ein Wettlauf zwischen Deutschland und Frankreich, welches die Absicht hatte, eine große westafrikanische Kolonie zu gründen. Nach verschiedenen Auseinandersetzungen kam es 1897 zu einem deutsch-französischen Abkommen, durch welches die sich gegenseitig zum Teil überschneidenden Ansprüche bereinigt wurden. Zwei Jahre später einigte sich Deutschland auch mit England über die Aufteilung einer vorher geschaffenen neutralen Zone.

Bei Ausbruch des ersten Weltkrieges war Togo unsere erste Kolonie, die unseren Gegnern in die Hand fiel. Da sie nie eine Schutztruppe

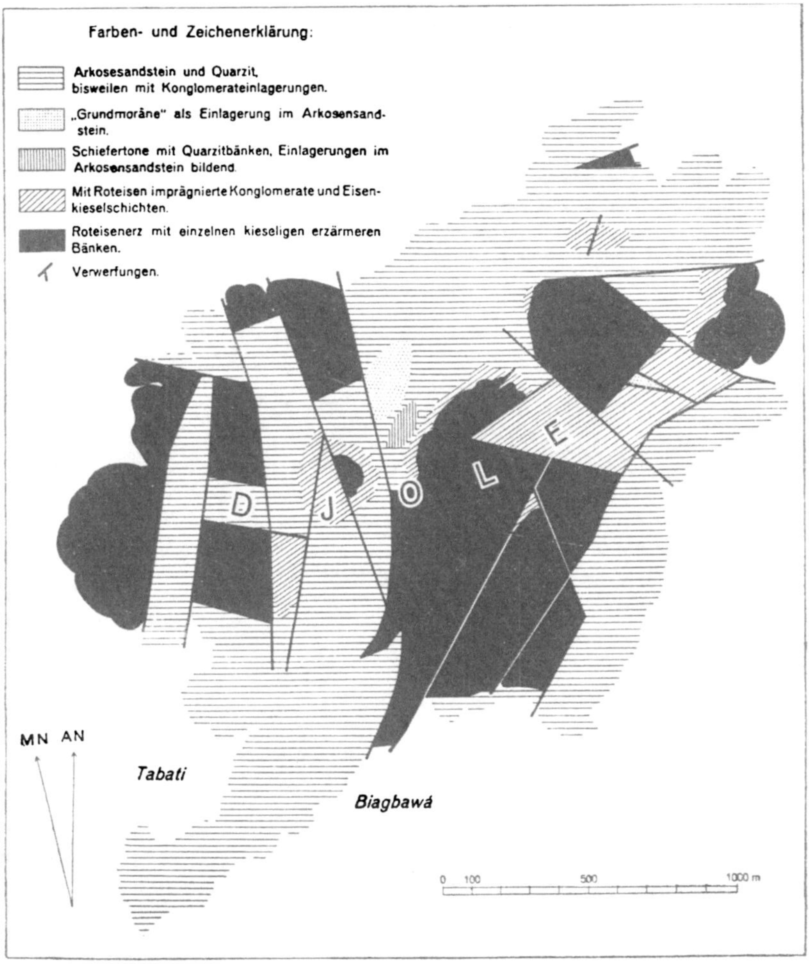

Abb. 11. **Geologische Übersichtsskizze des Eisenerzberges bei Banjeli.**
Nach Koert

Verlag Walter de Gruyter & Co., Berlin W 35
Deko XI. Zu Bürg, Die nutzbaren Minerallagerstätten von Kamerun und Togo

besaß, wurde rasch ein Verband von etwa 350 Mann organisiert, die aber nach einer Reihe von kleineren Gefechten das Schutzgebiet am 26. August 1914 übergeben mußte. Damit waren die Kriegsereignisse in Togo beendet.

Die erste geologische Beschreibung Togos geschah durch Stromer von Reichenbach. Geklärt wurde der geologische Bau aber erst durch den damaligen Bezirksgeologen Koert, der in den Jahren 1904—1908 systematische Untersuchungen in Togo durchführte. Diese Untersuchungen wurden durch den Forschungseifer von Offizieren und Beamten ergänzt, von denen Graf Zech, Freiher von Seefeld, Bergassesor Hupfeldt und Dr. Gruner genannt werden müssen.

Koert hat vor allem im wesentlichen schon alle nutzbaren Mineralvorkommen gekannt. Es wurden verschiedene, wenn auch vom bergbaulichen Standpunkt aus unvollkommene Untersuchungen vorgenommen. Die noch mangelhaft erschlossene Kolonie, das Fehlen von Verkehrswegen, vor allem aber das Fehlen wirklich guter Anzeichen bauwürdiger Lagerstätten ließen keinen Gedanken an einen eventuellen Bergbau aufkommen. Die Verhältnisse wurden auch nach dem Kriege nicht viel besser. Erst im Jahre 1936 begannen sich französische Bergbaukreise auch für Togo zu interessieren. Bis zum Jahre 1937 waren 32 Schurffelder vergeben. Sie verteilen sich wie folgt:

Bezirk Atakpame	2	Schurffelder
„ Palime	1	„
„ Mango	29	„

Im einzelnen handelt es sich um folgende Gegenden:

Djeti	1	Schurffeld
Alito	1	„
Misahöhe	1	„
Nyande	1	„
Keranfluß	19	„
Kunitefluß	3	„
Saola	2	„
Tingaga	2	„
Salugo	2	„

Die ersten zwei Schurffelder wurden auf Chromit angemeldet, der Rest auf Gold.

II. Die Eisenerzlagerstätten

Togo besitzt verschiedene Eisenerzvorkommen, die zum Teil schon lange vor dem Erscheinen der europäischen Kolonialmächte von den Eingeborenen abgebaut wurden. Im Jahre 1899 wurden

Eisenerze noch an drei Punkten gewonnen: An den Erzbergen von Banjeli, Kabu und Bassari.

Der Bergbau der Eingeborenen beschränkte sich darauf, reine, feste, aber doch transportable Erzstücke auszugraben. Dies geschah in Form von tiefen Löchern, deren Abteufen aufhörte, sobald man auf das feste Gestein traf, da die eisernen Werkzeuge zu wertvoll waren, um für die Gewinnung der Erze verwendet zu werden. Die hereingewonnenen Erze wurden an den Fuß des Berges geschafft und hier einer Handscheidung unterworfen. Die lateritischen und kieseligen Partien wurden dabei ausgeschieden. Die Analyse eines zur Verhüttung bestimmten Erzes ergab nach Hupfeldt folgende Gehalte:

Fe_2O_3	98,43%	= 68,90% Fe
SiO_2	1,54%	
P_2O_5	0,03%	= 0,017% P
H_2SO_4	Spuren	
	100,00%	

Das Erz enthielt kein Mangan. Die zum Einschmelzen der Erze verwendeten Öfen waren Rundöfen mit einer Anzahl von Formen und einer Arbeitsöffnung am Boden. Die Größe des Ofens richtete sich nach dem Eisengehalt der Beschickung. Die Bassaris z. B., die geringwertigere Erze verarbeiten mußten, verwendeten größere Öfen als z. B. die Banjelis. Außerdem neigte sich bei ihnen die Sohle des Ofens zur Öffnung hin, wogegen die Banjelis Öfen mit ebener Sohle in Betrieb hatten. Das Ofenmaterial bestand aus einem rötlichen Lehm. Der Ofen mußte so gearbeitet werden, daß man mit einer einmaligen Beschickung eine Eisenschmelze erhalten konnte. Um den Ofen selbst vor der Einwirkung der flüssigen Schlacke zu schützen, wurde er mit Sand ausgekleidet und die Öffnung gleichfalls mit Sand verschlossen. Sodann wurde der Ofen von oben mit Holzkohle, Holzknüppeln und Erzen beschickt und ebenfalls von oben mit glühenden Holzkohlen in Brand gesetzt, und zwar ohne Anwendung eines künstlichen Gebläses. Nach einiger Zeit fing die Schlacke zu fließen an und nach drei Tagen fiel die Eisenlupe im Ofen zu Boden. Man zog sie sofort heraus und warf schnell Sand in den Ofen, um den Boden zu schützen. Der Ofengang wurde durch Öffnen und Schließen der Formen geregelt.

1. Die Eisenerzlager von Banjeli

Die ersten Mitteilungen über die Eisenerzlager von Banjeli stammen von Hupfeldt. Die Umgebung dieser Vorkommen wurde eingehend durch Koert im Maßstabe 1 : 10000 kartiert (Abb. 11).

Der Eisenberg von Banjeli, oder wie ihn die Eingeborenen nennen, der Djole, ist etwa 375 km in der Luftlinie von der Küste entfernt. Er liegt im Kuppenland von Bassari, in dem er mehrere der hier auftretenden Hügel bildet. Der Djole selbst grenzt im Osten an die Ebene und hier befindet sich in etwa 300 m Höhe die Ortschaft Banjeli. Die Dörfer Tabati und Biagbawa liegen an den südlichen Ausläufern des Erzberges. Die Oberfläche desselben ist von mehreren unbedeutenden Rinnsalen durchfurcht. An einem solchen Wasserlauf kann man folgende Schichtenserie des Erzberges vom Liegenden zum Hangenden studieren:

1. Mächtiges Grundkonglomerat mit zerquetschten und wieder verkitteten Geröllen verschiedener Gesteine.
2. Schieferton mit Dolomitbänken.
3. Arkosesandsteine und Quarzit.
4. Mit Roteisen imprägnierte Konglomerate.
5. Das Roteisensteinlager selbst mit einer Mächtigkeit von 12 m.

Die Gesamtmächtigkeit dieser Schichtenfolge beträgt 160 m.

Das Hauptlager besitzt ungefähr die Gestalt eines Trapezes, dessen Mittellinie von SW nach NO verläuft und etwa 1200 m lang ist, während die Höhe des Trapezes etwa 600 m beträgt. Das Erzlager liegt frei zutage und kann im wesentlichen als eine nach SO geneigte Scholle aufgefaßt werden. Westlich vom Hauptlager findet man an folgenden Punkten anstehendes Erz:

1. In weniger bedeutenden Mengen am westlichen Gipfel des Djole.
2. Nördlich von Tabati. Hier tritt das Erz in einem sich etwa 50 m über seine Umgebung erhebenden Hügel über eine Fläche von etwa 400 m im Geviert auf.

Der Erzberg von Banjeli weist eine ziemlich komplizierte Tektonik auf; in der mittleren Hälfte herrschen Störungen der SW—NO-Richtung vor. Es scheint dieser Teil an einer das Pandadjolgebirge begleitenden SW—NO streichenden Spalte eingesunken zu sein. Es war jedoch ein ungleichmäßiges Absinken, so daß sich eine Reihe von Schollen bildeten, von denen ein Teil stehen blieb, während andere einsanken. Die heute noch vorhandenen Erzschollen wurden durch Absinken der Denudation entzogen. Da inmitten des Erzlagers auch erzarme Schichten auftreten, muß man annehmen, daß gleichzeitig mit dem Absinken auch Kippbewegungen erfolgten. Koert unterscheidet die Hauptscholle zwischen dem Pandadjol und dem östlichen Djolegipfel, dann die erste und die zweite NO-Scholle. Das Einfallen der Hauptscholle ist vornehmlich ein südliches. Die westliche Djolehälfte weist hauptsächlich N—S verlaufende Störungen auf, an denen entlang das Absinken stattfand. Man kann hier die Scholle des westlichen Djolegipfels, die östliche bzw. westliche Lebulescholle und die westliche bzw. östliche Tabatischolle unterscheiden.

Die Erzlager liegen frei zutage. Das Erz besteht aus einem dichten, gewöhnlich von Rutschflächen durchsetzten Roteisenstein, der gelbliche bis rötliche Knauern von Eisenkiesel einschließt, die oft schichtartig angeordnet sind. Außer Eisenkiesel findet man auch Einlagerungen von Hornstein und braunem Eisenjaspis. Von geringer Bedeutung sind Quarztrümer und Drusen.

Koert ließ eine größere Anzahl von Analysen anfertigen, von denen die wichtigsten in Tabelle 2 wiedergegeben sind.

Von den Erzproben 3, 4 und 36 wurden Vollanalysen ausgeführt, die folgende Ergebnisse lieferten:

	3	4	36
Eisenoxyd	79,25	89,51	69,42
SiO_2	19,24	9,47	28,62
Al_2O_3	0,32	0,24	0,40
MnO	0,12	0,16	0,31
P_2O_5	0,04	0,03	0,04
H_2SO_4	Sp	Sp	Sp
Glühverlust	0,27	0,30	0,73

Die mineralogische Zusammensetzung der einzelnen Erzproben war die folgende:

1. Erzarme Liegendschichten, Wasserriß an der N-Seite des Pandadjol. Mit Rutschflächen durchsetztes Erz mit Eisenjaspis, der von Eisenglanz durchtrümert wird.
2. Zweite NO-Scholle unweit des Gehöftes Banjeli. Dichtes Erz mit zahlreichen gelblichen bis rötlichen Knauern von Eisenkiesel.
3. NO-Ecke des Haupterzlagers. Dichtes Erz mit größeren dunkelroten Eisenkieselpartien.
4. Wie 3.
5. Erste NO-Scholle, in gewaltigen Blöcken in einem Wasserriß anstehend. Dichtes Erz mit Eisenkieseleinschlüssen.
6. Wie 5.
7. Haupterzlager. Dichtes, zerklüftetes Erz mit etwas Eisenkiesel.
8. Wie 7.
9. Wie 7.
10. Wie 7.

Tabelle 2

Analysen der Eisenerze von Banjeli

Probe	1 %	2 %	3 %	4 %	5 %
1	65,9	31,8	22,3	0,13	0,06
2	27,7	71,3	49,9	0,08	0,01
3	20,4	78,6	55,0	0,10	0,02
4	9,9	89,4	62,5	0,16	0,01
5	27,9	71,0	49,6	0,60	0,01
6	16,9	81,2	56,8	0,16	0,02
7	14,7	83,4	58,3	0,07	0,03
8	4,9	94,4	66,0	0,13	0,01
9	18,5	80,5	56,3	0,07	0,03
10	47,7	50,1	35,1	0,10	0,06
11	11,2	87,9	61,6	0,10	0,01
12	8,6	90,8	63,6	0,97	0,01
13	27,8	67,9	47,3	0,19	0,04
14	24,2	73,9	51,7	n. b.	0,04
15	73,4	23,1	16,2	0,06	0,04
16	27,2	72,0	50,4	0,09	0,01
17	31,7	67,5	47,3	0,30	0,03
18	12,7	86,9	60,8	0,09	0,02
19	48,2	50,9	35,6	0,06	0,02
20	16,2	83,0	58,1	0,09	0,03
21	17,9	81,2	56,8	0,08	0,02
22	18,9	80,4	56,3	0,12	0,04
23	17,2	81,9	57,3	0,46	0,02
24	31,2	66,2	41,3	0,09	0,05
25	27,8	71,8	50,3	0,09	0,02
26	12,9	86,5	60,6	0,18	0,01
27	13,7	85,9	60,1	0,12	0,01
28	21,3	78,3	54,8	0,66	0,02
29	2,2	96,5	67,6	0,30	0,01
30	46,0	53,2	37,2	0,11	0,03
31	4,2	94,2	65,9	0,09	0,01
32	8,2	90,1	63,1	0,24	0,02
33	1,8	87,2	68,0	0,27	0,01
34	31,5	67,8	47,5	0,02	0,01
35	9,1	89,0	62,3	0,26	0,02
36	30,4	68,7	48,1	0,18	0,02

1 = In kochender 27%iger HNO_3 unlöslicher Rückstand,
2 = Eisenoxyd,
3 = Fe,
4 = Mn,
5 = P,
Schwefel in allen Proben nur in Spuren vorhanden.

11. Westliche Tabatischolle. Dichtes zerklüftetes Erz mit etwas Eisenkiesel.
12. Westliche Tabatischolle. Stark zerklüftetes Erz.
13. Haupterzlager. Zerklüftetes, kieseliges Erz mit Quarzdrusen.
14. Westlicher Djole. Dichtes Erz mit Eisenkiesel.
15. Westlicher Djole. Eisenkiesel mit wenig Erz.

16. Westlicher Djole. Dichtes Erz mit Eisenkiesel.
17. Westlicher Djole. Dichtes Erz mit Eisenkiesel.
18. Westlicher Djole. Dichtes Erz mit Eisenkiesel.
19. Westlicher Djole. Dichtes Erz mit viel Eisenkiesel.
20. Westlicher Djole. Dichtes Erz mit wenig Eisenkiesel.
21. Westlicher Djole. Dichtes Erz mit wenig Eisenkiesel.
22. Westlicher Djole. Dichtes Erz mit Eisenkiesel.
23. Westlicher Djole. Dichtes Erz mit Eisenkiesel.
24. Westlicher Djole. Dichtes Erz mit wenig Eisenkiesel.
25. Haupterzlager. Dichtes Erz mit Eisenkiesel.
26. Haupterzlager. Dichtes Erz mit Eisenkiesel.
27. Östlicher Djole. Dichtes Erz mit Eisenkiesel.
28. Östlicher Djole. Dichtes Erz mit Eisenkiesel.
29. Östlicher Djole. Kavernöses Erz mit Eisenkiesel.
30. Östlicher Djole. Kieseliges Erz.
31. Östlicher Djole. Durch die Auswitterung von Eisenkiesel kavernöses Erz.
32. Östlicher Djole. Dichtes Erz mit Eisenkiesel.
33. Haupterzlager. Derbes Erz mit Eisenkiesel.
34. Haupterzlager. Kieseliges Erz.
35. Haupterzlager. Dichtes, zum Teil kavernöses Erz.
36. Haupterzlager. Dichtes, zum Teil kavernöses Erz.

Die Analysen lassen erkennen, daß die einzelnen Schollen etwa folgende Gehalte aufweisen:

1. Die Hauptscholle mit 48 ha Flächeninhalt: 50% Fe und mehr.
2. Die NO-Scholle mit 12 ha Flächeninhalt: 49,6 bzw. 56,8% Fe.
3. Die NW-Scholle: 50% Fe.
4. Von den westlichen Vorkommen ist die westliche Tabatischolle die wichtigste. Es war hier nicht festzustellen, wie weit dieses Erzlager und die kleinen anstoßenden Vorkommen unter den alluvialen Bildungen sich weiter fortsetzen. Die von hier entnommenen Proben ergaben 61,6% bzw. 63,69% Fe.

Der Mangangehalt der Erze ist niedrig und reicht nur ausnahmsweise nahe an 1%. Ca und Mg fehlen. Schwefel wurde in sämtlichen Proben nur in Spuren gefunden (maximal 0,01%). Der Phosphorgehalt schwankt zwischen 0,01 und 0,06%, der Wassergehalt beträgt weniger als 1%. Demnach kann man dieses Erz in der Hauptsache als ein phosphor- und kalkarmes kieseliges Roteisenerz bezeichnen.

Wenn Koert auch eine Anzahl Analysen anfertigen ließ, so kann man doch über den Durchschnittsgehalt der im Abbau zu erwartenden

Erze keine Aussagen machen. Desgleichen fehlen auch größere Schürfungen, die es erlauben würden, die vorhandenen Erzreserven zu berechnen. Nach Koert ist wohl nur das oberste Glied dieser ganzen Schichtenserie abbauwürdig. Dieses ist stellenweise 12 m mächtig, doch wird der Durchschnitt 9 m nicht übersteigen. Er schätzt die Menge der durch Tagebau gewinnbaren Erze auf etwa 20 Millionen Tonnen.

Für eine Nutzbarmachung dieser Eisenvorkommen wäre eine Eisenbahnverbindung mit der Küste eine unbedingte Voraussetzung. Zu diesem Zwecke müßte die Strecke Lome—Blita, die ursprünglich von deutscher Seite mit gleicher Absicht wie die Otavibahn in Deutsch-Südwestafrika begonnen wurde, um etwa 135 km verlängert werden. Die Gewinnungskosten der Erze dürften, da es sich um einen Tagebau handeln würde und Abraum kaum vorhanden ist, gering sein. Die Arbeiterschaft könnte sich aus den Eingeborenen der unmittelbaren Umgebung zusammensetzen.

Die Eisenerzlager von Banjeli gehören der Buëmformation an und haben somit ein altpaläozoisches Alter. Sie sind mutmaßlich von sedimentärer Entstehung.

Ähnliche Vorkommen kennt man aus der Buëmlandschaft im westlichen Teil des zentralen Togogebirges. Steile, parallel verlaufende Gebirgsketten, fast durchweg mit Hochwald bedeckt, bestehen hier aus Quarzit. Im Santrokofi-Akpafu-Gebirgsrücken findet man den Quarziten eingelagerte Roteisensteinlinsen, die von den Eingeborenen in früheren Zeiten abgebaut wurden. Die Gewinnung und das Verschmelzen geschah wie bei Banjeli. Das Erz ist mit Laterit und Brauneisenstein vermengt und vielfach von Quarzadern durchzogen, also wesentlich minderwertiger als dasjenige von Banjeli. Eine Analyse von Akpafu ergab folgende Gehalte:

Fe_2O_3	78,4%	= 54,88% Fe
SiO_2	10,5%	
P_2O_5	0,73%	= 0,41% P
H_2O	9,98%	
H_2SO_4	Sp	
	99,61%	

Bei Akpafu selbst handelt es sich um Eisenerze, die Zwischenlagen in einem Komplex von Hornstein- und Eisenkieselschichten bilden. Sie sind wertlos und wurden auch von den Eingeborenen des hohen Kieselsäuregehaltes wegen nicht ausgebeutet. Dagegen gewannen sie gleichfalls bei Akpafu ein Brauneisenerz, das in einer

N—S streichenden Trümerzone gangartig auftritt. Der Gang hat an der Oberfläche stellenweise eine Mächtigkeit von mehreren Metern. Die Eingeborenen erreichten mit ihrer primitiven Arbeitsweise teilweise Tiefen bis zu 40 m.

In letzterer Zeit fand man bei Jendi im englischen Mandatsteil größere Mengen von Roteisenstein. Das Vorkommen liegt nahe der Grenze gegen die Goldküste.

2. Die Eisenquarzitschiefer (Itabirite)

Älter als die Eisenerzvorkommen der Buëmformation sind die in Togo ziemlich weit verbreiteten Itabirite, die hauptsächlich in der Gegend von Bismarckburg und im Massiv von Sampli zwischen Bassari und Bafilo auftreten. In letzterer Gegend liegt das bedeutendste Vorkommen im Tal von Schinga (Tabelle 5). Hier handelt es sich um Eisenquarzite mit einem beträchtlichen Anteil von Glimmer und Eisenerz. Der Glimmer ist durch Chlorit, Serizit und seltener Muskovit vertreten. Das Eisenerz kommt hauptsächlich als Hämatit, der von oktaedrischen Kristallen des Martit begleitet wird, vor. Die Kieselsäure tritt als Quarz auf. Untergeordnet findet man einige andere Silikate, wie Turmalin und Zirkon. Alle möglichen Eisengehalte wurden festgestellt. Bis jetzt konnte aber ein ganz quarzarmer Itabirit noch nicht gefunden werden. Eine größere Probe aus dem Schingatal wurde durch Kachinsky einer elektromagnetischen Aufbereitung unterworfen. Bei einer Zerkleinerung auf 40 Maschen je Quadratzentimeter gehen noch zu viel Glimmer und Quarz in die Eisenerzkonzentrate. Besser waren die Ergebnisse bei einer Aufschließung auf 80 und 100 Maschen. Man erzielte damit Konzentrate von 67,5% Hämatit und Martit, was einem Eisengehalt von etwa 51,1% entspricht.

Der Kieselsäuregehalt des Roherzes sinkt nicht unter 5—10% und erreicht stellenweise 30% und mehr. Ein geringer Phosphorgehalt ist anscheinend als Apatit vorhanden; er betrug in drei Proben 0,02 bis 0,03%. Ein kleiner Kalkgehalt (0,59—1,19%) ist ebenfalls nachweisbar. Bei der Aufbereitung ließe sich der Phosphorgehalt sicherlich noch verringern, so daß man ein gutes Bessemererz zur Verfügung hätte, zumal sich der Schwefelgehalt in Form von Pyrit in mäßigen Grenzen hält (etwa 0,25% im Durchschnitt). Der Schwefel ist mit etwas Blei und Zink vergesellschaftet, die als Bleiglanz bzw. Zinkblende vorliegen. Der Bleigehalt übersteigt allerdings nicht 0,12% im Mittel. Der Arsengehalt beträgt im Mittel von 3 Proben etwa

0,06%, der Titangehalt steigt nicht über 0,2%. Ein Teil des Titangehaltes liegt als Rutil vor. Der Mangangehalt ist sehr gering.

Solange keine eingehenden Schürfergebnise vorliegen und man keinen Überblick über Gehalt und Menge dieser Erze besitzt, kann auch über ihre wirtschaftliche Bedeutung nichts gesagt werden. Die Abbauverhältnisse wären nach Kouriatchy denkbar günstig. Das Haupthindernis muß allerdings auch hier in der großen Entfernung von der Küste gesehen werden. Von französischer Seite wurden die Reserven auf 12—15 Millionen Tonnen geschätzt.

Gleichartige Lagerstätten sollen auch bei Kabu und Djopli auftreten und zum Teil größere Ausdehnung besitzen.

3. Sonstige Eisenerzvorkommen

Zu erwähnen wären noch mächtige Blöcke aus titanhaltigem Magnetit, die auf der Nordseite des Tschädi-Berges gefunden wurden. Das Vorkommen liegt unweit von Aglawe westlich vom Awatobach, nur 40—45 km von Lome entfernt. Eine Analyse des Erzes ergab folgende Gehalte:

Fe_2O_3	40,59%
FeO	25,65%
MgO	0,87%
CaO	0,44%
TiO_2	32,24%
MnO	0,33%
H_2O	0,57%
SiO_2	Sp
	100,69%

Magnetit wurde auch bei Uliabo am oberen Kiniloao festgestellt. Er wurde früher durch die Eingeborenen gewonnen. Ein ähnliches Vorkommen, das gleichfalls durch die Eingeborenen abgebaut wurde, findet sich bei Malfakassa westlich Dondje und bei Tschekere am Daude-Berg.

III. Die Golderzlagerstätten

Überblickt man die Karte der nutzbaren Mineralvorkommen Togos (Tafel V) und vergleicht man damit die geologische Karte (Tafel IV), so fällt die große Anzahl der Goldfundpunkte auf, die sich vorläufig fast ausschließlich auf das Gebiet des kristallinen Grundgebirges beschränken. Es handelt sich bei diesen Fundpunkten meist nur um goldhaltige Alluvionen, in denen zwar Gold in Spuren festgestellt wurde, über deren Gehalte man aber noch nichts weiß, so daß man auch über eine eventuelle zukünftige wirtschaftliche Ausbeutung dieser Vorkommen nichts aussagen kann.

Bekannt ist, daß die Gegend des unteren Monu bis Togodo schon 1820 und mit Unterbrechungen bis 1884 Schauplatz einer primitiven Goldgewinnung durch die Eingeborenen war. Diese verließen ihre Arbeitsstätten, als die Europäer kamen. Die alten Gewinnungsstätten konnten bisher noch nicht wiedergefunden werden.

Auf Grund solcher Nachrichten unternahm Koert eine genaue Untersuchung des gesamten Flußlaufes des Monu. Seine Arbeiten führten zur Feststellung von Waschgold bis in die Quellgebiete dieses Flusses, und zur Entdeckung goldführender Gänge in den Bezirken Atakpame und Sokode.

1. Golderzgänge

Die bestbekannten Gangvorkommen befinden sich in der Monu-Ebene und wurden durch Koert eingehend studiert. Sie treten hauptsächlich in den Landschaften Kpedji, Anjanga, Bagu und Tschaudjo auf. Die ganze Gegend bildet eine leichtgewellte Ebene in einer Meereshöhe von 250—300 m, welche als eine Fastebene aufzufassen sein dürfte. Sie geht in südöstlicher Richtung an der Grenze zwischen Togo und Dahomey allmählich in eine Inselberglandschaft über. Das Gebiet besteht zum größten Teil aus kristallinen Gesteinen, in denen auch Tiefengesteine zu finden sind. Die aus Biotit- und Hornblendegneisen nebst Zweiglimmer- und Muskovitgneisen bestehenden kristallinen Schiefer stehen allerdings nur selten an, sondern sind meist durch junge Sedimente überdeckt.

Koert beschreibt folgende goldführende Quarzgänge:

a) Ein freigoldführender Quarzgang 2,4 km östlich Agbandi im Atakpame-Bezirk. Er wurde durch $^1/_2$—$^3/_4$ m tiefe Schürfgräben untersucht. Diese Untersuchungen legten einen wenig mächtigen (12 cm), etwa 30 m langen, bald auskeilenden Gang frei. Das Streichen ist hauptsächlich NO, das Einfallen 50° NW. Der Gang besteht aus einem massigen Quarz, doch kommt daneben, namentlich im hangenden Trum, auch ein durch Kieslagen gebänderter Quarz vor. Der Quarz führt Kupfer- und Schwefelkies sowie dünne Nadeln von Turmalin. Der Kupferkies bildet bis walnußgroße Partien und ist gewöhnlich mit einer Rinde von Kupferindig überkleidet. Der Schwefelkies übertrifft ihn an Menge; er bildet meist gut ausgebildete Kristalle. Das mit bloßem Auge sichtbare Gold bildet kleine Fünkchen oder Dendriten und tritt auf Brauneisen auf. Acht analysierte Proben ergaben folgende Gehalte:

Probe Nr. 1	Sp
„ „ 2	Sp
„ „ 3	1,1 g Au/t
„ „ 4	0,4 g „
„ „ 5	1,8 g „
„ „ 6	0,3 g „
„ „ 7	23,5 g „
„ „ 8	0,4 g „

Das Nebengestein dieses Ganges wird von einem Biotithornblendegneis gebildet, der ursprünglich ein granodioritisches Gestein gewesen sein mag.

b) Goldspuren führende Quarzgänge etwa 2 km östlich von Agbandi. Es handelt sich hier um zwei Quarzgänge, von denen der eine durch Schürfe auf etwa 63 m, der zweite auf 80 m verfolgt wurde. Da sich der zweite Gang in der Fortsetzung des ersteren befindet, wäre es möglich, daß es sich um eine einzige, etwa 700 m lange Gangspalte handelt. Die Mächtigkeit ist infolge häufiger Verdrückungen sehr verschieden und kann bis zu 0,35 m, ausnahmsweise infolge Trümerbildung bis auf 0,75 m ansteigen. Der Quarz ist teils massig, teils bekommt er durch Sulfideinlagerungen ein gebändertes Aussehen. Einer der Gänge enthält neben Pyrit und Kupferkies auch 1—2% Bleiglanz. Gelegentlich findet man Turmalinnadeln, die den Quarz durchspießen.

Ähnliche Gänge finden sich etwa 2,5 km von Agbandi auf dem Wege nach Kpedji und 3,5 km südlich der Borolem-Mündung im Sokode-Bezirk.

Gleichfalls im Sokode-Bezirk kommt auf dem rechten Monu-Ufer, etwa 6 km südlich der A-u-Mündung, ein Turmalin-Quarzgang vor, auf dem sich Spuren von Gold nachweisen ließen. Das Vorkommen liegt zwischen den Bächen Sassa und A-u. In einem von Pegmatitgängen durchzogenen Hornblendegneis (wohl ein metamorphosierter Diorit) tritt ein NO streichender und nach SO einfallender Gang auf, der bis zu 0,3 m mächtig wird und aus einem massigen turmalinreichen Quarz besteht. Der Quarz erscheint stellenweise gebändert und führt Pyrit. Gelegentlich treten Anhäufungen von Muskovit auf.

Ähnliche Quarzgänge mit Turmalin und etwas Gold konnte Koert auch auf der Sudu-Dako-Hochfläche nachweisen; ferner findet man sie südwestlich von Samata im nordöstlichen Togo. Einen Bleiglanzgang mit Goldgehalt erwähnt Kouriatchy von Kendi, einem Nebenfluß des Mo.

2. Goldführende Konglomerate

Der größte Teil der Alluvionen westlich der Togoberge scheint nicht direkt von Quarzgängen zu stammen, sondern aus Konglomeraten, die sich als Rückstände einer primären Erosion gebildet hatten. Es sind dies die Basiskonglomerate der Buëm- und Otiformation, die an verschiedenen Stellen schwache Goldgehalte aufweisen. Gut untersucht wurde durch Koert das Gebirge südlich von Kpandu. Er sammelte eine Reihe von Gesteinsproben, die auf Gold untersucht wurden. Goldführend waren vor allem Gesteine, die an dem Wege, welcher von dem am Volta gelegenen Markte Dukluja nach Abessia führt, vorkommen. Im einzelnen konnten folgende Gehalte festgestellt werden:

1. In einer Entfernung von etwa 300 m von Dukluja steht ein dem Arkosensandstein eingelagertes quarzitisches Konglomerat an, dessen Goldgehalt 1,25 g/t beträgt.

2. Etwa 400 m vor der Blebi-Rinne führt ein im gleichen Arkosensandstein eingelagertes quarzitisches Konglomerat einen Goldgehalt von 0,25 g/t.

3. Verfolgt man die Blebi-Rinne aufwärts, so stößt man auf ein etwa 1 m mächtiges Konglomerat, das dem Quarzit eingelagert ist und Spuren von Gold führt.

4. Etwa 600 m von der Blebi-Rinne entfernt auf dem Wege nach Abessia wurde ein mürbes Konglomerat gefunden, das 0,1 g Au/t enthält.

5. Weitere, geologisch ähnlich aufgebaute Stellen ergaben Goldgehalte von 0,05, 1,92, 0,04 bzw. 0,12 g/t.

Somit ist das Gold an Konglomerate gebunden, die entweder als Einlagerung in einem Arkosensandstein der Otiformation auftreten oder in engstem Verbande mit den Schichten der Buëmformation stehen. Die Konglomerate der Buëmformation besitzen ein toniges Zement und sind verhältnismäßig mürbe, wogegen diejenigen der Otiformation eine quarzitische Grundmasse besitzen und sich daher durch große Härte auszeichnen.

Ähnliche Konglomerate kennt man von Ntameda am Nkunja-Gebirge, vom Aboabu-Bache zwischen Kwamikrum und Amamfrum und vom Dorfe Obetengase unweit Ntschumuru. Robertson fand bei Kjirina in einem Zufluß des Kue Schiefer, die unter einem Quarzit erscheinen und 8 g Au/t und 16 g Ag/t enthalten.

3. Goldseifen

Wie bereits erwähnt, ist fast der ganze Flußlauf des Monu zumindest in seinem mittleren und oberen Teil goldführend. Koert konnte Spuren von Gold im Sande des Monu bei Togodo, Kouriatchy nördlich von Tetelu feststellen. Außerdem fand Koert zahlreiche Goldspuren im Mittellauf des Monu etwa in der Höhe südlich von Blita angefangen bis nach Sada, demnach bis in das Sudu-Dako-Hochplateau (Abb. 12).

Goldführende Alluvionen gibt es auch im Volta- und Otital. Nach Robertson findet man in den Alluvionen des Volta sehr schönes Gold, das mit Magnetit und Zirkon vergesellschaftet ist. Auch der Oti führt, wie bereits erwähnt, Gold. Ein Fundpunkt liegt 25 km nördlich von Kete-Kratschi, ein weiterer in der Nähe von Padschi und in der Nähe von Danbae. Spuren von Gold treten ferner weiter nördlich von Bimbila sowie im Oti- und Dakafluß, westlich und östlich von Jendi auf. Koert beschreibt Gold vom Kpandu und Robertson aus der Nähe von Abessia und im Volta bei Adaho, sodann 3 km südlich von Dukluja und westlich von Abessia.

Im zentralen Togogebirge fand man Gold in den Ablagerungen des Flusses Jege. Es soll sich um ansehnliche Gehalte handeln. Östlich von Bismarckburg kommt Gold in den Bachläufen von Kalobo und Tolo mit viel Magnetit zusammen vor. Manche dieser Bachläufe führen reichlich Zirkon ohne Gold. Rutil ist fast ein ständiger Begleiter des Goldes in den Togobergen. Unter anderem finden sich beide nördlich von Kpalere und Game und 15 km westlich von Ana. Östlich von Adjassihohue sind Rutil, Turmalin, Granat, Diopsid u. a. die Begleiter des Goldes.

Im südlichen Togogebirge, das sehr waldreich und daher schwer zu prospektieren ist, erscheint das Gold südlich von Misahöhe und zwischen Palime und Atakpame in der Nähe von Njako.

Bei allen bislang bekannt gewordenen Goldvorkommen kann man von einem Wirtschaftswert nicht sprechen. Die Gangvorkommen sind klein, die Goldgehalte schwach, und meist handelt es sich nur in der Oxydationszone um feststellbare Konzentrationen. Unbauwürdig sind auch die Gehalte der Konglomerate von Kpandu und ebensowenig taugen, vom wirtschaftlichen Standpunkt aus gesehen, die Alluvionen des Monu. Wie weit die übrigen bisher festgestellten alluvialen Vorkommen sich eventuell als wirtschaftlich erweisen werden, müssen erst spätere Untersuchungen ergeben. Wie bereits im Kapitel „Die Vererzung“ dargelegt wurde, sind die Aussichten, in Togo nennenswerte Goldlagerstätten zu finden, nicht gerade günstig.

IV. Die Chromerzlagerstätten

Das einzige größere Chromitvorkommen Togos am Djeti-Hügel war schon zur deutschen Zeit vor dem ersten Weltkriege bekannt und wurde durch Koert näher untersucht.

Der Djeti-Hügel südsüdwestlich von Atakpame gehört einer Gruppe von Bergen an, die sich in südöstlicher Richtung vor dem eigentlichen Togogebirge ausbreiten. Diese kleinen Berge und Hügel lassen sich als die Restformen eines Rumpfgebirges erklären, das durch die Denudation abgetragen wurde. Es ist eine Fastebene, die sich zum größten Teil aus Ortho- und Paragneisen und Amphiboliten aufbaut. Die Faltungen verlaufen im gleichen Sinne wie im Togogebirge. Im Grundgebirge stecken vielfach Intrusionen von Mikrodioriten, die von kristallinem Kalk begleitet sind und am Kontakt oft Zoisit, Epidot und Granat führen. Als Ausstrahlungen dieser Diorite beobachtet man granitische und pegmatitische Gänge. Neben diesen Tiefengesteinen findet man eine große NNO—SSW streichende Zone mit peridotitischen Intrusionen, Gabbros und Noriten. Eine Serie von Eklogiten, Orthoamphiboliten und Orthopyroxeniten, Granat- und Epidotfelsen, sowie Serpentinmassen bilden einen stufenweisen Übergang zu den kristallinen Gesteinen.

Der Agu-Berg, der zu dieser Gruppe gehört, besteht aus einem Gabbro, der sich einerseits mit dem Papatin und Cheto nach Norden, andererseits in dem Tututo genannten Bergrücken nach NO fortsetzt. In der Fortsetzung dieser Richtung findet man nordöstlich der kleinen Landschaft Toresi ein etwa 100 qkm großes Serpentinmassiv, das mehrere Gebirgsstöcke zusammensetzt. Weitere Serpentinmassen kennt man am Berge Ahito, am Moliendo, Adakpe, Aukpometo in der Nähe von Atakpame und Gudere.

Das Hauptchromitvorkommen liegt, wie bereits erwähnt, am Djeti-Hügel etwa 18 km südsüdwestlich Atakpame. Der aus Serpentin bestehende Hügel nimmt eine größere Fläche ein und enthält Stellen, die sich ganz überwiegend aus chromitreichen Partien zusammensetzen. Vielfach bekommt man allerdings den Eindruck, als ob der Chromit nicht eine kompakte Masse, sondern einen mehr oder weniger wesentlichen Bestandteil des Serpentins bildet. Stellenweise findet man 10—12 kleine Gänge von Chromit, von denen jeder einige 100 kg bis einige Tonnen Chromit enthält.

Der Chromit ist das Ergebnis einer magmatischen Segregation; er ist körnig, braun oder graulichschwarz gefärbt und besitzt einen metallischen Glanz. Er ist häufig von einem chromhaltigen Klinochlor begleitet. Unter dem Mikroskop lassen sich zwei Ausbildungsformen erkennen: Eine grobkörnige ältere und eine feinkörnige jüngere Generation.

Koert ließ von hier folgende Analysen anfertigen:

	1	2	3	4	5
Cr_2O_3	37,1	39,3	40,0	41,7	36,4
SiO_2	8,7	5,6	3,7	1,8	6,9
MgO	19,7	19,6	19,1	21,0	20,8
Al_2O_3	18,9	19,6	22,9	22,6	23,7
FeO	14,9	14,9	13,5	12,2	11,8
NiO	0,7	0,8	0,5	0,6	0,4
H_2SO_4	Sp	0,04	0,04	0,07	0,07
P_2O_5	Sp	Sp	Sp	Sp	Sp

Bisher wurde anstehender Chromit nur sehr wenig gefunden. Meist handelt es sich um abgerolltes Material, das in Bachläufen und auf Hängen zu finden ist. Da eingehende Untersuchungen fehlen, kann man natürlich auch nicht wissen, welche Chromitmengen sich im Inneren der Serpentinmassen werden finden lassen. Arsandeaux schätzt die Serpentinmasse des Djeti auf etwa 250 Millionen cbm. Sie bildet eine dreieckige Pyramide mit einer Höhe von 250 m bei einer Seitenlänge des gleichschenkeligen Basisdreieckes von 2 bzw. 3 km. Von diesen 250 Millionen cbm muß man allerdings etwa 100 Millionen cbm abziehen, die auf die der Serpentinmasse zwischengelagerten metamorphen Gesteinsschichten entfallen. Nimmt man an, daß der Chromit etwa den tausendsten Teil der Serpentinmasse ausmacht, so kommt man auf 400000 t Erz. Diese Berechnung erscheint sehr willkürlich.

Kouriatchy fand noch weitere Chromitvorkommen. Eines von ihnen ist an die Serpentinmasse des Berges Ahito gebunden. Dieser liegt etwa 30 km südwestlich des Erzvorkommens am Djeti und 35 bis 40 km von der Eisenbahnstation Khra entfernt auf dem Westufen des Kpeto. Hier liegen im Bett eines Wasserlaufes eine größere Zahl von Chromitblöcken, deren Durchmesser im allgemeinen zwischen 10 und 20 cm schwankt. Einzelne Blöcke erreichen eine Größe von $^1/_2$ cbm. Kouriatchy entdeckte ferner Chromit bei Gudeve nordöstlich von Atakpame auf dem Wege nach Bato.

Die Chromite aller drei Vorkommen zeigen die verschiedensten Gehalte. Die ärmsten Erze führen 11,78% Cr_2O_3, die reichsten bis zu 49,88% Cr_2O_3. Nachstehende Analysen der Tabelle 3 geben nach Arsandaux Aufschluß über ihre Zusammensetzung.

Tabelle 3

Analysen Togoer Chromite

	1	2	3	4	5
SiO_2	0,74	2,92	5,54	3,64	0,88
Al_2O_3	21,10	16,04	17,15	24,61	21,70
Fe_2O_3	3,77	4,52	7,28	4,92	6,93
Cr_2O_3	47,62	49,88	44,66	39,14	44,56
FeO	10,05	10,99	7,37	10,63	8,51
MnO	Sp	0,04	0,05	Sp	0,23
MgO	15,95	14,70	16,19	15,03	16,65
CaO	0,26	0,22	0,56	0,62	0,78
Na_2O	Sp	Sp	Sp	Sp	—
K_2O	Sp	Sp	Sp	Sp	—
TiO_2	0,16	0,41	0,39	0,44	—
P_2O_5	—	—	—	—	—
H_2O^+	0,29	0,66	1,50	1,37	0,09
H_2O^-	0,23	0,17	—	—	0,02
	100,17	100,55	100,69	100,40	100,35

1 = Chromit vom linken Ufer eines Bachlaufes nahe dem Ahitoberg.
2 = Aufbereiteter Chromit der Spitze des Ahitoberges.
3 = Chromit, mit Serpentin verwachsen, von der Spitze des Ahitoberges.
4 = Aufbereiteter Chromit von Gudewe.
5 = Chromit vom Djeti.

Die Abbauverhältnisse am Djeti würden dadurch etwas erschwert werden, daß man dort kein Wasser hat. Man findet dieses aber in ausreichenden und vor allem kontinuierlichen Mengen bei Muakpa am Amu. Der Amufluß führt auch in der Trockenzeit genügend Wasser, so daß man eine kleine Wasserkraftanlage errichten könnte. Der Weg bis dahin führt zum größten Teil durch ebene Savanne. Von hier bis zur Eisenbahnlinie nach der Station Amutschu ist ein 12—15 km langer Weg vorhanden. Im Osten und im Westen des Djeti findet man reichlichen Waldbestand. Die Arbeiter müßten aus den nördlichen Gebieten herangeschafft werden.

V. Die übrigen Erzvorkommen

1. Bleierze

Bleiglanzfuhrende Gänge werden von Agbandi erwähnt. Etwa 16 km südwestlich der Station Sokode steht ein fast ost-westlich streichender, etwa 10—15 cm mächtiger Gang an, der in einem massigen Quarz Bleiglanz, Pyrit und Kupferkies führt. Alle bisherigen Bleiglanzfundpunkte sind ohne wirtschaftliche Bedeutung.

2. Titanerze

Anreicherungen von Rutil kennt man aus den Flußschottern bei Matsi nördlich Ho. Ferner fand man Rutil nördlich Kpalave und im Südwesten des Landes bei Akape.

3. Bauxit

Bauxit bedeckt die Gipfelpartien des Agu, wo er durch Verwitterung des Gabbros entstanden ist. Seine Zusammensetzung ist nach Koert folgende:

	1 %	2 %	3 %	4 %
SiO_2	0,92	1,39	20,57	2,82
Fe_2O_3	18,01	30,47	1,66	26,37
Al_2O_3	52,16	45,60	53,25	45,81
TiO_2	1,23	1,17	0,20	1,18
H_2O^+	26,11	19,74	21,63	22,65
H_2O^-	0,97	0,64	0,48	0,82
	99,40	99,01	97,79	99,65

1 = Baumann-Spitze (westlich Agu-Gipfel). Löcheriges, festes, gelbbraunes Gestein.

2 = Baumann-Spitze. Gelb- bis rotbraune ziegelsteinartige Grundmasse mit schalig gebauten Kügelchen und von rotbraunem Eisenhydroxyd.

3 = Baumann-Spitze. Fest, löcherig, hellgelb. Mit massenhaften Äderchen von opal- bzw. chalcedonartiger Kieselsäure; daher ungewöhnlich reich an Kieselsäure.

4 = 1,3 km östlich der Baumann-Spitze auf dem Wege von Oaghe nach Djigbe in der Nähe der Wasserscheide.

VI. Die Lagerstätten der Nichterze

1. Diamanten

Einzelne Diamanten wurden im Schotter des Volta gefunden. Sie dürften nach Krenkel aus den Diamantenseifen der Goldküstenkolonie angeschwemmt worden sein.

2. Glimmer

Nicht wirtschaftliche Glimmervorkommen kennt man bei Samata östlich vom Pagala auf dem Wege nach Agbandi, und in der Kara-Ebene nördlich des Plateaus von Sudu-Dako. Man findet hier Pegmatite mit blauem Turmalin und Muskovit, der meist kleine und kleinste Tafeln und Blättchen bildet. Nur selten sind sie größer als 10×10 cm.

3. Graphit

Am Durchbruch des Kerang durch das Skolagebirge kommen unweit des Dorfes Kudyambo im Tonschiefer unbedeutende Einlagerungen von Graphit vor, der mit dünnen Quarzlagen wechsellagert. Auch im Agomegebirge ist unbauwürdiger Graphit bekannt.

VII. Nutzbare Gesteine

Kalkstein

An der Grenze Togos mit Dahomey tritt im Bett des Monu, 70 km flußaufwärts von seiner Mündung, ein Kalkvorkommen auf, das schon vor dem ersten eltkriege ausgebeutet wurde und einen Kalk guter Qualität ergab. Nach der französischen Besetzung wurde der Kalkbrennofen in Topli stillgelegt.

Das Kalklager ist zur Trockenzeit des Monu freigelegt. Es ist eine Bank, die den Fluß auf 500 m Länge begleitet und sich dann in sein Bett senkt. Auf der Togoseite liegt das Lager höher, so daß man hier eine Antiklinale annehmen kann. Nach der Landseite ist es auf einer durchschnittlichen Breite von 45 m freigelegt; die Mächtigkeit dürfte 2 m im Durchschnitt betragen.

Der Kalkstein von Topli stammt aus dem Eozän, ist von gelblicher Färbung, von schwärzlichen Mangandendriten durchzogen oder gefleckt und recht hart. Er ist nahezu frei von tonigen Bestandteilen und kann als ziemlich reiner Kalk gelten. Eine Analyse ergab folgende Zusammensetzung:

$CaCO_3$	95,59%
$MgCO_3$	0,76%
SiO_2	1,50%
TiO_2	0,06%
Al_2O_3	0,44%
Fe_2O_3	1,16%
MnO	0,24%
K_2O	0,12%
Na_2O	0,16%
	100,03%

Besonders angenehm ist der geringe Magnesiumgehalt. Man könnte einen fetten Mörtelkalk daraus gewinnen, der für die Bautätigkeit in Togo von größter Bedeutung wäre. Da sich außerdem in der gleichen Gegend ein kieselsäurereicher Ton findet, würde man an Ort und Stelle auch Zement herstellen können.

Der in der trockenen Periode seichte und dadurch nicht immer schiffbare Monu gewinnt in der Regenperiode schnell an Wasser und ist dann für beladene Kanus bis Togodo, also 5 Tagesfahrten flußaufwärts ungehindert passierbar. Talabwärts ließe sich der Kalk auf Einbäumen sogar in der Trockenzeit befördern. Dies könnte auf dem Monu bis Abanakwe geschehen, von hier auf einem Lagunenarm bis Klein-Popo und von hier mit der Küstenbahn bis Lome.

Kleinere Kalkvorkommen, gleichfalls aus dem Eozän, die sich als Düngekalk eignen würden, findet man in den Distrikten Kpandu, Kete-Kratschi und bei Gambaga im englischen Mandatsteil.

VIII. Die wirtschaftlichen Aussichten der zukünftigen bergbaulichen Entwicklung von Togo

Wie bereits im Kapitel „Die Vererzung" dargelegt wurde, kann man Togo im Vergleich mit den übrigen deutschen Kolonien nur als schwach vererzt bezeichnen. Eine gewisse Ausnahme bilden die Eisen- und Chromvorkommen, die vorläufig aber noch zu wenig erforscht sind, so daß man sie noch keinem endgültigen Urteil unterwerfen kann. Wenn es nachstehend trotzdem unternommen wird, eine theoretische Durchrechnung der Wirtschaftlichkeit dieser Vorkommen durchzuführen, so geschieht dies, hauptsächlich um die Schwierigkeiten aufzuzeigen, mit denen der Bergbau in noch unerschlossenen tropischen Ländern rechnen muß.

Bei den Eisenerzvorkommen handelt es sich ohne Zweifel um größere Reserven. Sowohl die Itabirite, als auch die Roteisensteine konzentrieren sich in einer Zone, die nördlich Sokode liegt. Bis Sokode war die Eisenbahn projektiert und müßte unbedingt bis dahin ausgebaut werden (etwa 90 km), wenn man an einen Abbau der Eisenerze von Banjeli und im Schingatal denken sollte. Von Sokode nach Banjeli führt eine etwa 90 km lange Straße. Das Schingatal liegt westlich von Bafilo, das durch eine Straße von etwa 40 km Länge mit Sokode verbunden ist. Das Vorhandensein einer Straße wäre für den Anfang des Bergbaues von großer Bedeutung, würde aber für den Abtransport der Erze nicht genügen, da sich die Transportkosten mit Auto zu hoch stellen würden. Man müßte demnach von Sokode aus nach beiden Orten zumindest eine Schmalspurbahn anlegen. Die Entfernung Lome—Sokode beträgt rund 350 km, so daß für das Erz von Banjeli die Transportkosten für etwa 450 und für dasjenige von Schingatal für etwa 400 Eisenbahnkilometern zu bezahlen wären.

Der Eisenbahntarif in Togo lag noch im Jahre 1937 für koloniale Eisenbahnen unverhältnismäßig niedrig und betrug im Durchschnitt für die drei vorhandenen Eisenbahnlinien 5 Pfennige je t/km. Dementsprechend würde der Transport einer Tonne Eisenerz von Banjeli bis zur Küste etwa 22,50 RM., aus dem Schingatal etwa 20 RM. betragen. Hinzu käme noch die Seefracht, die man mit etwa 10 RM./t ansetzen kann.

Für die Banjelierze kann man unter dem Vorbehalt späterer eingehenderer Untersuchungen einen durchschnittlichen Eisengehalt von 50% annehmen. Unter normalen Verhältnissen kostet in Deutschland die Einheit Fe im Auslandserz etwa 24—30 Pfennige, so daß man für die Tonne Banjelierz 12,00 bis 15,00 RM. bezahlen würde. Eine Rentabilität unter solchen Umständen ist demnach ausgeschlossen, da allein schon die Fracht mit der Eisenbahn bis zum Hafen 22,50 RM. kosten würde. Hinzu kommen noch die Gestehungskosten, die man niedrig mit etwa 4 RM./t ansetzen muß, und die Seefracht mit etwa 10 RM./t, so daß das Banjelierz bis Deutschland etwa 36,50 RM./t kosten würde. Dieses Erz müßte demnach in Deutschland mit über 70 Pfennige je Einheit Fe bezahlt werden, um allein die Selbstkosten damit decken zu können. Noch schlechter steht es mit den Erzen vom Schingatal, die erst nach einer magnetischen Aufbereitung etwa 50% Fe enthalten würde, so daß man trotz der etwas geringeren Frachtkosten mit höheren Gesamtkosten rechnen müßte.

Damit bestätigt sich auch für Togo die allenthalben gemachte Erfahrung, daß sich in tropischen Ländern der Abbau von Eisenerzen nur dann lohnt, wenn sie in der Nähe der Küste liegen.

Etwas günstiger würden sich die wirtschaftlichen Verhältnisse gestalten, wenn man das Erz an Ort und Stelle verhütten könnte. Jedoch fehlen dafür die Kohlen und auch der als Zuschlag notwendige Kalk. Die Kohle müßte aus der benachbarten Goldküstenkolonie herangeschafft werden, Kalk findet sich bei Topli, also an der Küste. Der Transport beider würde die Verhüttung unrentabel gestalten, abgesehen davon, daß die Kohle der Goldküste nicht verkokbar ist.

Für das Chrom liegen die Verhältnisse günstiger. Die Chromitvorkommen ordnen sich in eine etwa NO—SW streichende Zone ein, die im Bereiche der Bahnlinie Lome—Atakpame—Blita liegt. Naturgemäß kann über die Chromitvorkommen Togos eine noch weniger genaue wirtschaftliche Betrachtung vorgenommen werden, wie dies für das Eisen der Fall war, da die Chromerze im Serpentin stets sehr unregelmäßig verteilt sind und man umfassende Aufschlußarbeiten und eventuell auch einen probeweisen Abbau einrichten muß, ehe man sich über die Chromitreserven eine Vorstellung machen kann.

Die Lage des Hauptchromitvorkommens am Djetihügel ist nicht ungünstig. Zwar findet man am Dejetihügel selbst nicht genügend Wasser, um damit eine Aufbereitung betreiben zu können; doch führt der Amu bei Muakpa, das nur etwa 3 km vom Djetihügel entfernt liegt, auch in der Trockenzeit größere Wassermengen. Die Aufbereitung müßte demnach hier aufgestellt werden unter Heranschaffung des Erzes mittels einer Grubenbahn. Muakpa ist mit der Station Amutschu der Eisenbahnlinie Lome—Atakpame durch einen 12—15 km langen Weg verbunden. Wenn es das Gelände erlaubt, würde man wohl am zweckmäßigsten eine Seilbahn errichten. Die Entfernung Amutschu—Lome beträgt 140 km, die Fracht der Chromerze mit der Eisenbahn würde demnach bis Lome 7,00 RM./t kosten. Hierzu kämen noch etwa 10,00 RM. für die Seefracht.

In normalen Zeiten rechnet man für ein Basiserz von 48% Cr_2O_3 etwa 45,00 RM. je Tonne cif. Die Togoer Chromite besitzen zwar durchschnittlich einen geringeren Gehalt, doch könnte man mittels Aufbereitung sicherlich hochwertigere Konzentrate erzielen. Die Eisenbahn- und Seefracht würde demnach etwa 17,00 RM./t ausmachen, so daß noch etwa 28 RM. für die Gewinnungs- und Aufbereitungskosten sowie für Amortisation und Verzinsung übrig blieben. Man kann folglich annehmen, daß die Togoer Chromite selbst bei ungünstigeren Abbau- und Transportverhältnissen wirtschaftlich gewonnen werden könnten.

Alle übrigen Erze und Nichterze bieten vorläufig keine besonderen bergbaulichen Aussichten. Bereits im Kapitel „Die Vererzung" wurde betont, daß man selbst für das Gold, das immerhin an zahlreichen Stellen spurenhaft beobachtet wurde, auf Grund des geologischen Baues Togos und auf Grund des Verlaufes der magmatischen Differentiation keine allzu großen Hoffnungen haben könne.

Literaturverzeichnis

Landeskundliche Verhältnisse

1. Zöller, H., Das Togoland. Stuttgart 1885.
2. Henrici, E., Das deutsche Togogebiet. Leipzig 1888.
3. Küster, Bericht über das südwestliche Grenzgebiet von Togo. Mitt. Dtsch. Schutzgeb. 1892, S. 77.
4. Zech, Graf von, Vermischte Notizen über Togo und das Togohinterland. Mitt. Dsch. Schutzgeb. 11, 1898, S. 89.
5. Klose, H., Togo unter deutscher Flagge. Berlin 1899.
6. Moisel und Sprigade, Großer deutscher Kolonialatlas. 1 : 1000000. D. Reimer, 1906.

7. Chudeau, E., La nouvelle situation des colonies africaines. — Togo — Kamerun. La Géographie. Paris, t. 33, 1918, p. 199.
8. Mansfeld, A., Westafrika. München 1928.
9. Chazelas, V., Territoires africaines sous mandat de la France. — Cameroun et Togo. Soc. Edit. géogr. Paris 1931.
10. Truitard, M., Territoires Africaines sous mandat de la France. Togo et Cameroun. In: Guide des Colonies Françaises. Paris 1931.
11. Full, A., 50 Jahre Togo. Mit Skizze der Mineralvorkommen. Berlin 1935.
12. Maroix, Le Togo. Larose, Paris 1938.
13. Lange, F., Deutscher Kolonialatlas. 22. Aufl. Berlin 1941.
14. Sprigade und Moisel, Karte von Kamerun und Togo. 1 : 2000000. D. Reimer.

Grundzüge des geologischen Baues

15. Lenz, O., Geologische Mitteilungen aus Westafrika. Verh. K. K. geol. Reichsanst. Wien 1878, S. 148.
16. Stromer v. Reichenbach, E., Die Geologie der deutschen Schutzgebiete in Afrika. 1896.
17. Seefried, v., Beitrag zur Geologie des Schutzgebietes Togo. Mitt. Dtsch. Schutzgeb. Bd. 11, 1898, S. 227.
18. Gumbel, Beitrag zur Geologie des Schutzgebietes Togo. Berlin 1898.
19. Ammon, L. von, Zur Geologie von Togo und vom Nigerlande. Mitt. Geogr. Ges. München I, 1904/06, S. 393.
20. Ammon, L. v., Zur Geologie von Togo und vom Nigerlande. Mitt. Geogr. Ges. München Bd. 1, H. 3, 1905, S. 393.
21. Schmeisser, Über geologische Untersuchungen und die Entwickelung des Bergbaus in den deutschen Schutzgebieten. Z. f. prakt. Geol. 1906, S. 73.
22. Stromer, E., Über Alttertiär in Westafrika und die Südatlantis. Jb. Kgl. Preuß. Geol. LA. 1909, S. 511.
23. Lemoine, P., La carte géologique du Togo. La Géographie, Paris, 1910, p. 265.
24. Koert, W., Geologische Karte von Togo; mit Begleitwort. In: H. Meyer, Dtsch. Kolonialreich, II. Leipzig 1910.
25. Koert, W., Begleitworte zur geologischen Karte von Togo. Das deutsche Kolonialreich. Leipzig 1910.
26. Stromer, E., Reptilien- und Fischreste aus dem marinen Alttertiär von Südtogo (Westafrika). Ztschr. Dtsch. Geol. Ges. 62, 1910, Mts.-Ber. S. 478.
27. Hubert, H., Etat actuel de nos connaissance sur la géologie de l'Afrique occidentale. 1911. Mit geologischer Karte 1 : 5000000.
28. Gruner, H., Begleitworte zur Karte des Sechsherrenstocks (Amandeto). Mitt. Dtsch. Schutzgeb. XXVI, 1913, S. 127.
29. Koert, W., Ergebnisse der neueren geologischen Erforschung in den deutsch-afrikanischen Schutzgebieten H. 1, 1913, S. 6.
30. Koert, W., Ergebnisse der neueren geologischen Forschung in den deutsch-afrikanischen Schutzgebieten. Beitr. zur geol. Erforsch. d. dtsch. Schutzgebiete H. 1, 1913.
31. Robertson, Th., Report on the Geology of Western Togoland. Governement of the Gold Coast, 1921.

32. Anonym, Aperçu sur la géologie et le Service géologique et des Mines du Togo-Cameroun. Paris 1930, juillet.
33. Les résultats scientifiques de la mission de délimination du Togo (1927 bis 1928). La Géographie, Paris, 1930, S. 138.
34. Anonym, La géologie et les mines des colonies françaises. Mines, Carrières, 10 (104), 1931, S. 23.
35. Kouriatchy, Contribution à la connaissance de la géologie du Togo. Bull. Soc. Géol. Fr. Paris 1931.
36. Hubert, H., Afrique occidentale française et Togo. In: La Géol. et les mines de la France d'outre-Mer. Paris 1932, S. 205.
37. Lacroix, Bertrand u. a., La géologie et les mines de la France d'Outre-Mer. Soc. d'edit. géogr. marit. colon. Paris 1932, S. 604.
38. Malavoy, J., Sur le Voltaien et l'Atacora. (Gold Coast, Togo, Dahomey) C. R. Ac. Sc. Paris 195. 1932, S. 713.
39. Prokopenko, R., Notes géologiques sur la Togo méridional et central. Publ. Serv. géol. A. O. F. Dakar 1932.
40. Hubert, H., Etudes géologiques récentes dans la domaine de la France d'outre-mer. Int. Geol. Kongr. XVI, Washington 1933.
41. Kouriatchy, N., Géologie du Togo sous mandat français. Karte 1 : 1 Mill. Bull. Com. d'études hist. et sc. de l'A. O. F. Bd. 16, 1933, S. 493.
42. Kouriatchy, N., Carte géol du territoire du Togo placé sous mandat de la France. Chron. mines colon. 1934, p. 58.
43. Range, P., Togo (Geologie und Bergbau der deutschen Schutzgebiete). Tropenpflanzer 1934, S. 291, 1935, S. 83.
44. Behrend, F., Geologie von Togo und Kamerun. Ztschr. Dtsch. Geol. Ges. 1937, S. 527, 563.
45. Klinger, F. E., Geologischer Bau und Mineralschätze der deutschen Kolonien in Afrika und in der Südsee. Berlin 1938.
46. Krenkel, E., Geologie Afrikas, III., 2.
47. Range, P., Die geologischen Verhältnisse in den deutschen Kolonien mit besonderer Berücksichtigung der Mineralvorkommen. Metallwirtsch. XVII, 1938, Nr. 52, S. 1390.
48. Krenkel, E., Geologie der Deutschen Kolonien in Afrika. (Togo, S. 247.) Borntraeger, Berlin 1939.

Mineralogie und Petrographie

49. Lasaul, von, Über Erdkarten und Gesteinsproben aus Kamerun und Togo, von H. Zöller mitgebracht. Sitz.-Ber. Niederh. Ges. Bonn 1885, S. 287.
50. Anonym, Untersuchung von Gesteinsproben durch die geologische Landesanstalt in Berlin. Amtsbl. f. d. Schutzgeb. Togo, 1910, S. 284.
51. Anonym, Gesteinsprobe aus dem Bezirk Sansané-Mango. Amtsbl. f. d. Schutzgeb. Togo, Berlin 1914, S. 230.
52. Tobertson, Th., The crystallines metamorphic rocks of SW-Togoland. Geol. Mag. 1924, p. 116.
53. Robertson, Th., The sedimentary and volcanic rocks of Western Togoland. Geol. Mag. 1925, p. 1.
54. Orcel, J., Sur deux chinochlores chromifères du Togo. C. R. Ac. Sc. Paris 1915, p. 836.

55. Arsandaux, H., Sur l'origine éruptive des gneiss basiques Djabataouré (Togo). C. R. Ac. Sc. Paris 1916, Tome 182, p. 708.

56. Lacroix, La minéralogie de la France d'Outre-Mer. Mus. Nat. d'hist. nat. Paris, Bull. 2 (3) 1931, p. 136.

57. Kouriatchy, N., Sur quelques roches cristallophyliennes du Togo. C. R. Congr. Soc. Sav. Paris, p, 172, 1932.

Minerallagerstätten

58. Koert, W., Nutzbare Lagerstätten in Togo. Glückauf 1905, S. 1640.

59. Koert, W., Ergebnisse einer Versuchsbohrung an der Lomelagune. Amtsbl. f. d. Schutzgeb. Togo 1908, S. 244.

60. Kuntz, J., Aussichten für den Bergbau in den deutschen Kolonien. Kol. Wirtsch. Kom. 1909, S. 32.

61. Kuntz, J., Bergbau in den Kolonien. Verh. Kol.-Techn. Kom. des Kol. Wirtsch. Kom. Nr. 1, 1912, S. 10.

62. Kuntz, J., Die Fortschritte des Bergbaus in den Kolonien. Verh. Vorst. Kol.-Wirtsch. Kom. Berlin 1913, Nr. 1, S. 56.

63. Range, P., Mineralfunde und Bergbau in den deutschen Schutzgebieten in Afrika und in der Südsee. Kol. Rundschau 1936, H. 3.

64. Friedensburg, F., Bodenschätze und Bergbau der ehemaligen deutschen Schutzgebiete. Technik und Wirtschaft 1938.

65. Müller, W., Bodenschätze unserer Kolonien. Der Querschlag, 1938, Folge 3, S. 48.

66. Range, P., Die Mineralvorkommen der deutschen Schutzgebiete in Afrika und in der Südsee. Z. f. prakt. Geol. H. 8, 1938, S. 140.

67. Schumacher, F., Mineralische Rohstoffe der deutschen Kolonien unter besonderer Berücksichtigung der Metallerze. Metallwirtschaft 1938, Bd. XVII, S. 14.

68. Friedensburg, F., Der Bergbau in den französischen Kolonien und Mandatsländern. I. Teil: Allgemeines. Kol. Rdsch. 1939, H. 1, S. 1. II. Teil: Einzelne Gebiete. Ebenda, H. 2, S. 113.

Weitere Angaben über Minerallagerstätten finden sich in Lit.-Nr. 20, 31, 33, 36, 42, 44, 45, 46.

Statistik

69. Mandatsverwaltung: Togoland under British Mandate. Report by His British Majesty's Government to the council of the League of Nations. London, seit 1922 jährlich. Geol. Zbl. 1935, Bd. 55, S. 7.

70. Mandatsverwaltung: Rapport annual du governement français sur l'administration des territoires du Togo. Paris, seit 1923 jährlich.

71. Ruppel, J., Die Berichte über die Verwaltung der Mandatsgebiete in Afrika und in der Südsee für das Jahr 1934. Kol. Rundschau 1936, H. 4, S. 285.

72. Mandatsverwaltung, Report to the Council of the League on the administration of Togoland under British Mandate for the year 1936, S. 85.

73. Mandatsverwaltung, Report to the Council of the League of Nations on the administration of Togoland under British Mandate for the year 1937, p. 76.

Eisenerzlagerstätten

74. Hupfeld, Fr., Die Eisenindustrie in Togo. Mitt. Dtsch. Schutzgeb. XII, 1899, S. 175.
75. Hupfeld, Fr., Die Eisenerzvorkommen in Togo. Z. f. prakt. Geol. 1900, S. 118.
76. Koert, W., Über das Eisenerzlager von Banjeli, Togo. Stahl u. Eisen 1906, S. 54.
77. Koert, W., Das Eisenerzlager von Banjeli in Togo. Mitt. Dtsch. Schutzgeb. XIX, S. 113, 1909.
78. Koert, W., Nutzbare Eisenerz-Lagerstätten in Togo. Dtsch. Kol. Bl. XVII, 1906, S. 13.
79. Koert, W., Die Eisenerzvorkommen bei Akpafu und Santrokoffi. Dtsch. Kol. Bl. XVIII, 1907, S. 458.
80. Koert, W., Eisenerzlagerstätten der deutschen Kolonien usw. The Iron Ore Resources of the World. Stockholm 1910.
81. Koert, W., Krusteneisenstein in den deutsch-afrikanischen Schutzgebieten; besonders in Togo. Beitr. z. geol. Erf. Dtsch. Schutzgeb. H. 13, 1916.
82. Kachinsky, N., Les gisementes de fer au Togo. Togo-Cameroun. 1933, S. 179.
83. Kachinsky, N., Sur les itabirites de la vallée de la Schinga. Chron. mines colon. 1935, S. 76.

Weitere Angaben über Eisenerzlagerstätten finden sich in Lit.-Nr. 20, 31, 33, 36, 42, 44, 45, 46.

Golderzlagerstätten

84. Koert, W., Über Goldvorkommen bei Kpandu in Togo. Dtsch. Kol. Bl. XVII, 1906, S. 279.
85. Koert, W., Über Goldvorkommen im östlichen Togo. Mitt. Dtsch. Schutzgeb. XX, 1910, S. 57.
86. Skinner, W. E., West African Gold Mining Handbook 1934. London 1934, S. 50.
87. Anonym, L'Or au Togo. Chron. mines colon. No. 2, 1935.
88. Kachinsky, V., Les aspects histoiriques et sociaux de la question de l'or au Togo. Togo-Cameroun Magaz. Trimestr. Paris 1935, S. 191.
89. Kachinsky, N., L'or au Togo. Chron. mines colon. 1935, No. 37.

Weitere Angaben über Goldlagerstätten finden sich in Lit.-Nr. 20, 31, 33, 36, 42, 44, 45, 46.

Chromitlagerstätten

90. Koert, W., Über ein Chromeisenvorkommen im Atakpame-Bezirk. Amtsbl. f. d. Schutzgeb. Togo, 1908, S. 13.
91. Anonym, Zum Chromeisensteinvorkommen im Atakpame-Bezirk. Amtsbl. f. d. Schutzgeb. Togo 1909, S. 379.
92. Koert, W., Zum Chromeisensteinvorkommen im Atakpamebezirk. Amtsbl. f. d. Schutzgeb. Togo 1909, S. 379.
93. Arsandaux, H., Sur la chromit du Mont Djeti, cercle d'Atakpamé (Togo). Bull. Soc. fr. Minér., Paris 1925, t. 48, p. 70.

94. Kouriatchy, N., Les gisements de serpentines et de chromite au Togo. C. R. Ac. Sc. Paris 1931, S. 1669.
95. Anonym, Le chrome du Togo. Chron. Mines col., Paris, mai 1932, No. 2, p. 41.

Weitere Angaben über Chromitvorkommen finden sich in Lit.-Nr. 20, 31, 33, 36, 42, 44, 45, 46.

Kalkvorkommen

96. Koert, W., Das Kalklager von Topli und seine Verwertbarkeit. Amtsbl. f. d. Schutzgeb. Togo 1908, S. 19.
97. Seidel, H., Das Kalklager von Topli in Togo und seine Bedeutung. Globus, Braunschweig 1908, S. 37.
98. Stromer von Reichenbach, Das Kalklager von Topli und seine Verwertbarkeit. Amtsbl. f. d. Schutzgebiet Togo. Berlin 1908.
99. Mann, O., Marmorlagerstätten in Adamaua. Dtsch. Kol. Bl. 1910, S. 626.
100. Stromer von Reichenbach, Kalkbrennerei in Topli. Amtsbl. f. d. Schutzgebiet Togo. Berlin 1910, S. 490.
101. Stromer von Reichenbach, Topli-Kalk. Amtsbl. f. d. Schutzgebiet Togo. Berlin 1911, S. 234.
102. Oppenheim, P., Die Eozäne Invertebratenfauna des Kalksteins in Togo. Beitr. z. geol. Erf. Dtsch. Schutzgeb. H. 12, 1915.
103. Beneyton, A. M. J., Le chaux et le ciment au Dahomey et au Togo. La Géographie 1926, t. 45, p. 65.
104. Anonym, Le calcimmaires de Mongo. Chron. Mines col., 1933, No. 20.

Weitere Angaben über die Kalkvorkommen finden sich in Lit.-Nr. 20, 31, 33, 36, 42, 44, 45, 46.

Sonstige Erze und Nichterze

Angaben finden sich in Lit.-Nr. 20, 31, 33, 36, 42, 44, 45, 46.

Tafel III

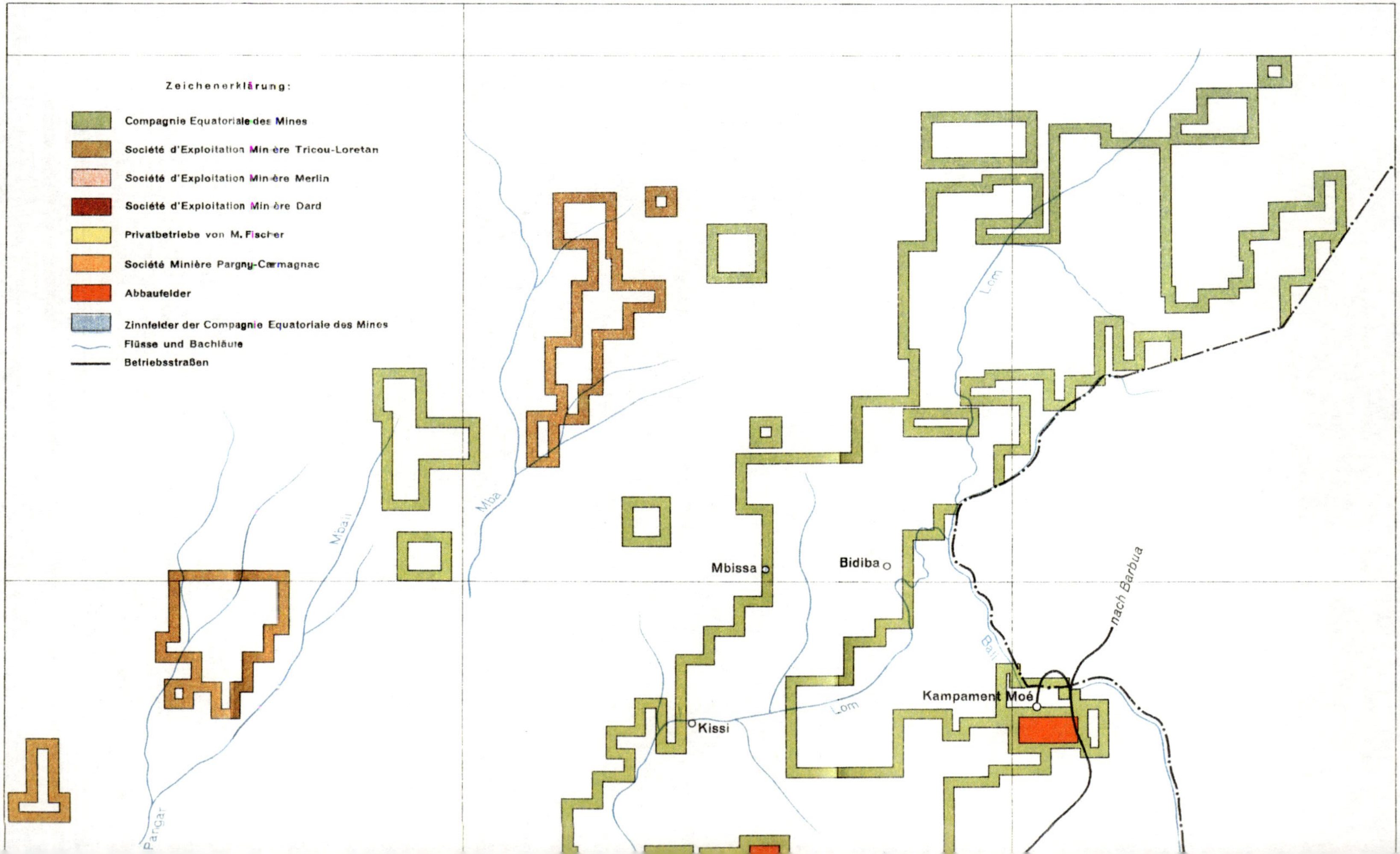

Zeichenerklärung:
Compagnie Equatoriale des Mines
Société d'Exploitation Minière Tricou-Loretan
Société d'Exploitation Minière Merlin
Société d'Exploitation Minière Dard
Privatbetriebe von M. Fischer
Société Minière Pargny-Carmagnac
Abbaufelder
Zinnfelder der Compagnie Equatoriale des Mines
Flüsse und Bachläufe
Betriebsstraßen
Lom
Mba
Mbali
Pangar
Mbissa
Bidiba
Kissi
Bali
Kampament Moé
nach Barbua

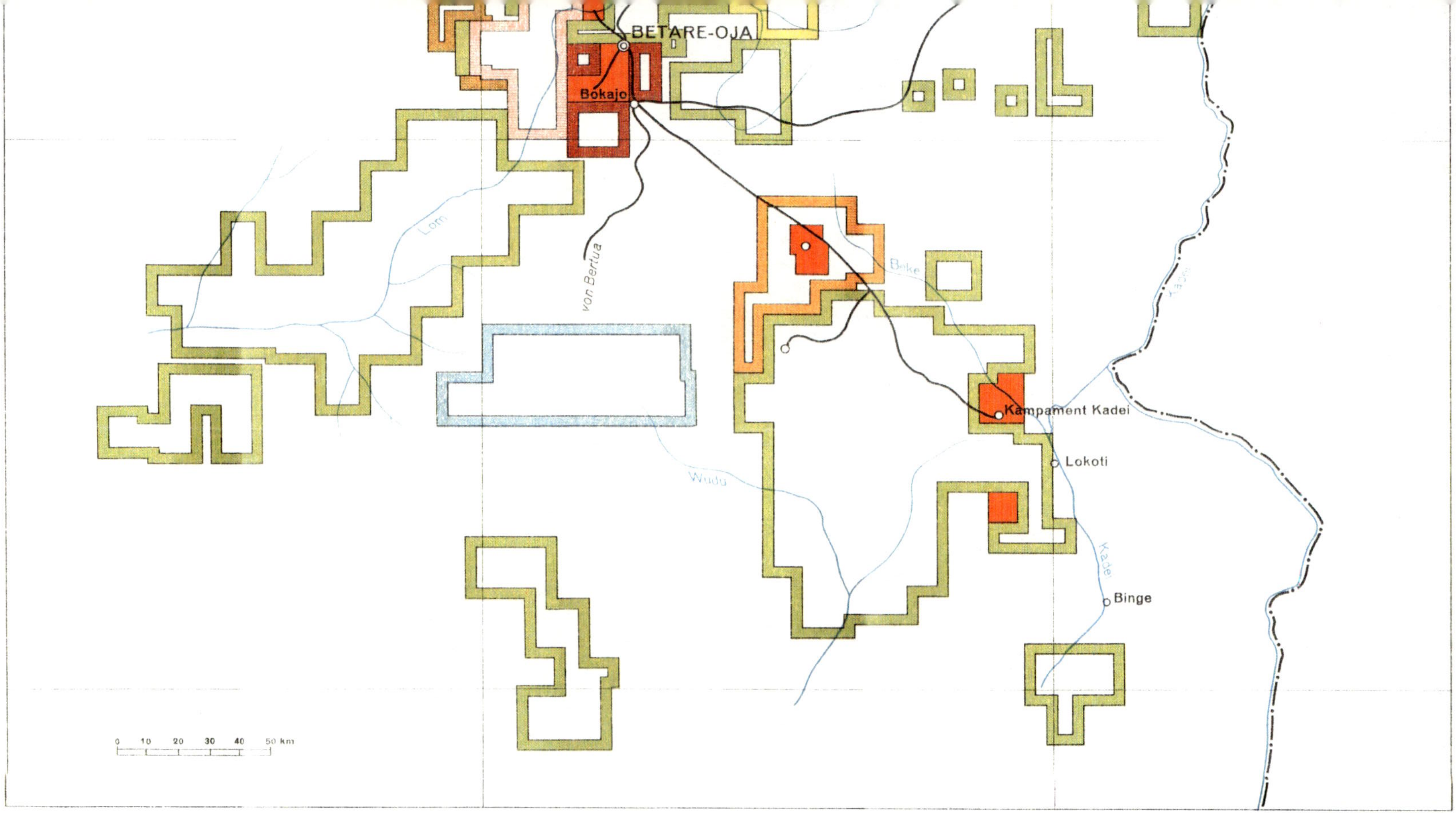

DIE GOLDGEBIETE ALT-KAMERUNS

Karte der Bergbaukonzessionen

„Deko XI zu Bürg, Minerallagerstätten Kamerun und Togo".
Hergestellt im Reichsamt für Landesaufnahme, Berlin 1942.
Verlag Walter de Gruyter, Berlin W 35.

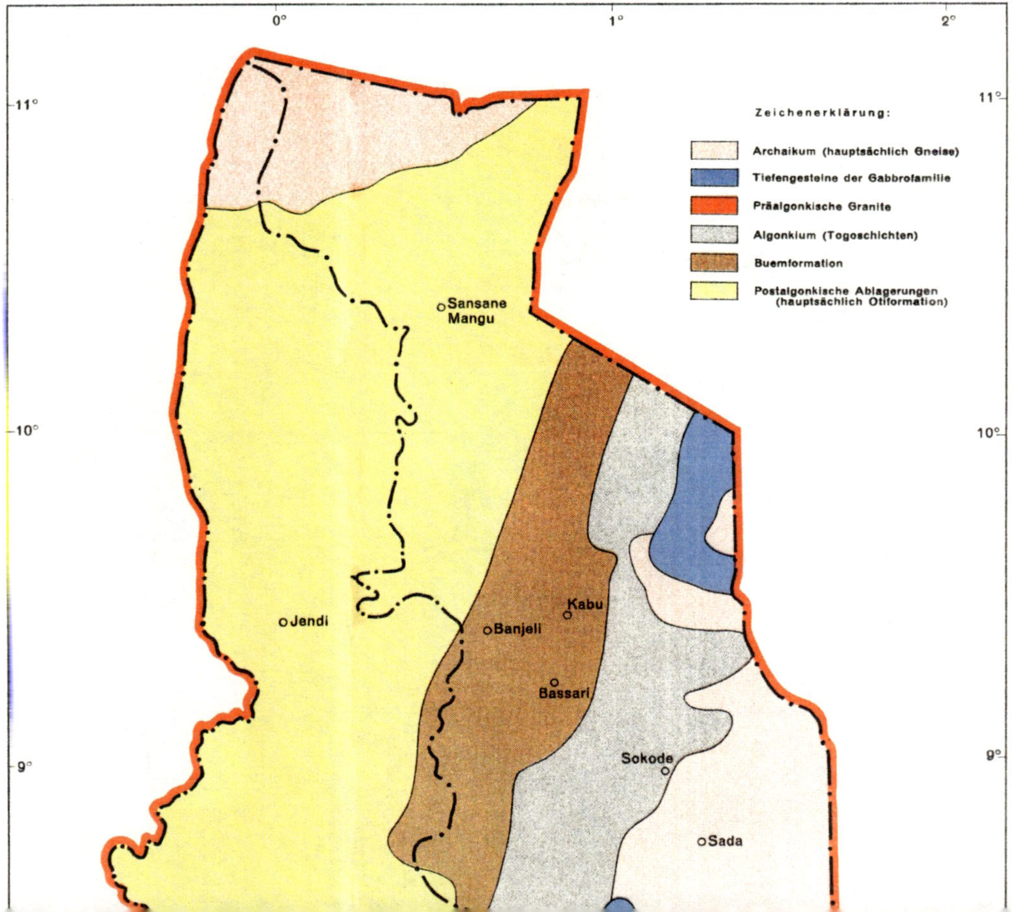
0°
1°
2°
11°
10°
9°
Zeichenerklärung:
Archaikum (hauptsächlich Gneise)
Tiefengesteine der Gabbrofamilie
Präalgonkische Granite
Algonkium (Togoschichten)
Buemformation
Postalgonkische Ablagerungen (hauptsächlich Otiformation)
Sansane Mangu
Jendi
Banjeli
Kabu
Bassari
Sokode
Sada

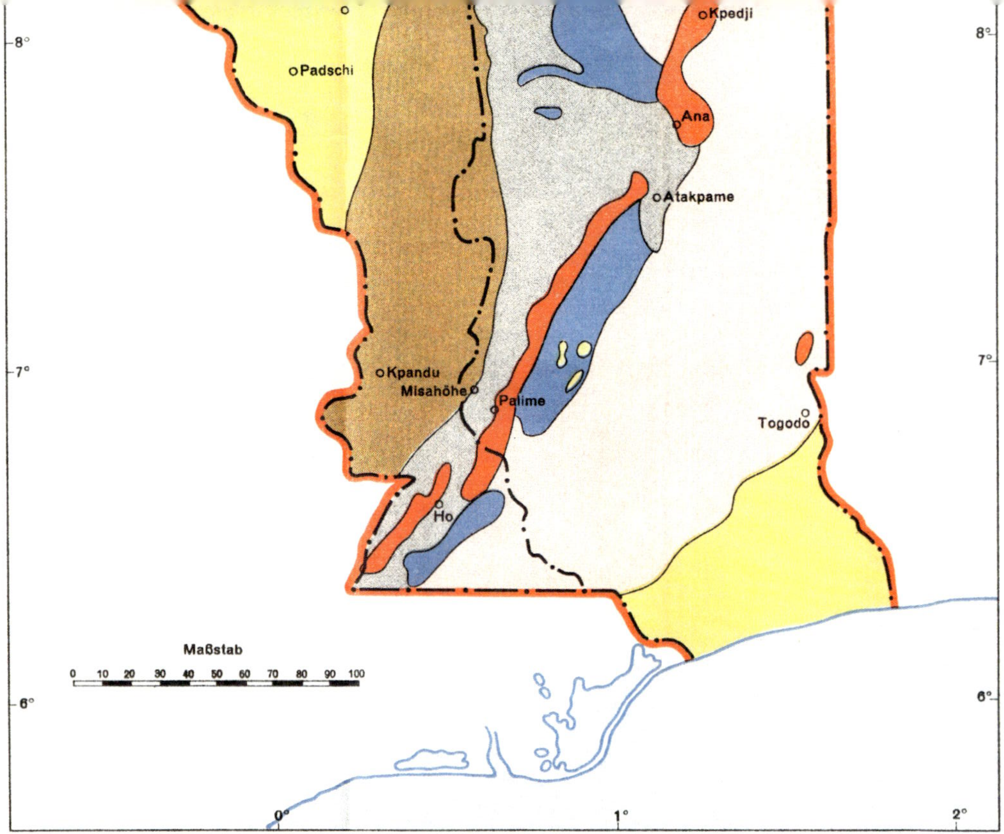

GEOLOGISCHE KARTE TOGOS

Nach Behrend und Kouriatchy

„Deko XI zu Bürg, Minerallagerstätten Kamerun und Togo".
Hergestellt im Reichsamt für Landesaufnahme, Berlin 1942.
Verlag Walter de Gruyter, Berlin W 35.

Tafel V

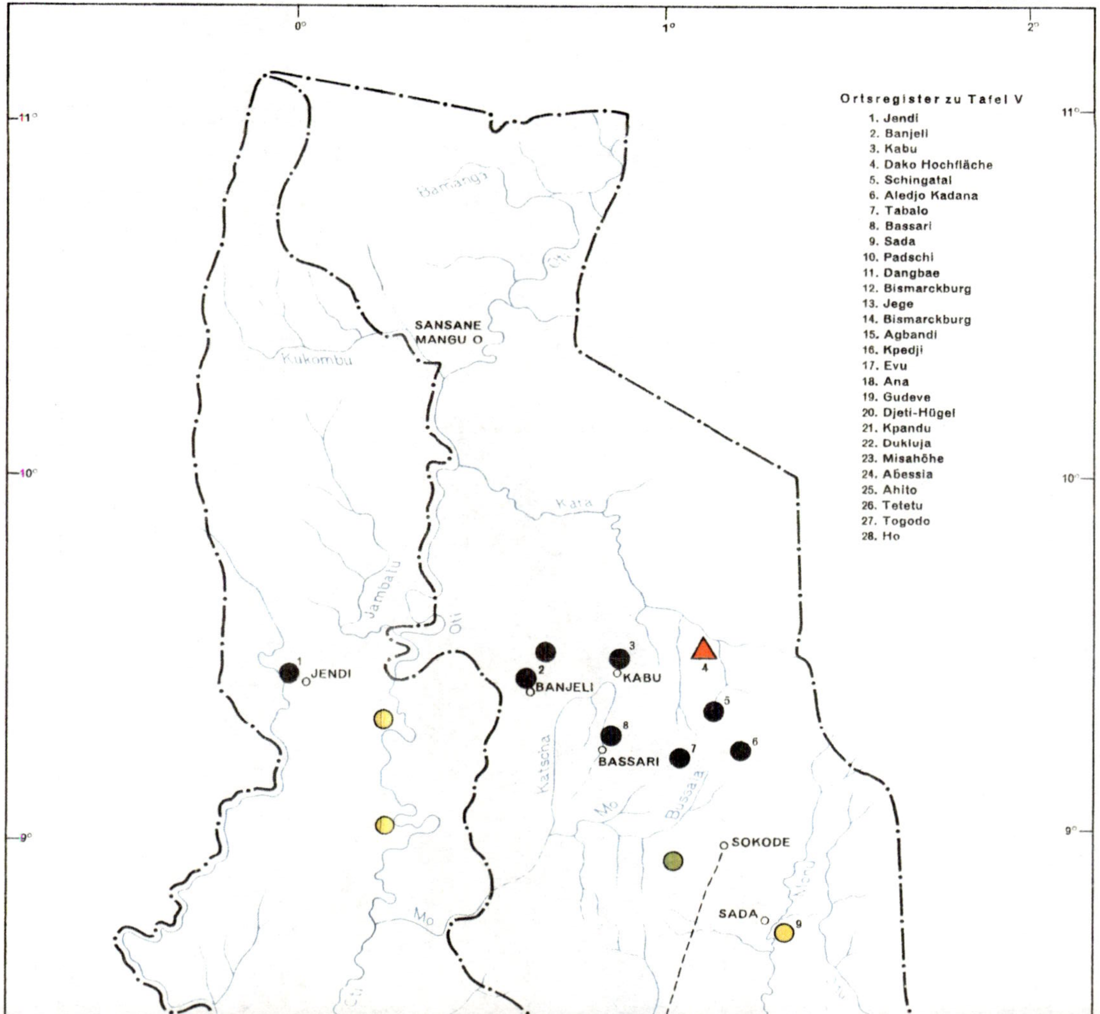
0°
1°
2°
11°
10°
9°
Ortsregister zu Tafel V
1. Jendi
2. Banjeli
3. Kabu
4. Dako Hochfläche
5. Schingatal
6. Aledjo Kadana
7. Tabalo
8. Bassari
9. Sada
10. Padschi
11. Dangbae
12. Bismarckburg
13. Jege
14. Bismarckburg
15. Agbandi
16. Kpedji
17. Evu
18. Ana
19. Gudeve
20. Djeti-Hügel
21. Kpandu
22. Dukluja
23. Misahöhe
24. Abessia
25. Ahito
26. Tetetu
27. Togodo
28. Ho
SANSANE MANGU
JENDI
BANJELI
KABU
BASSARI
SOKODE
SADA
Kukombu
Kara
Jambalu
Oti
Katscha
Mo
Mono

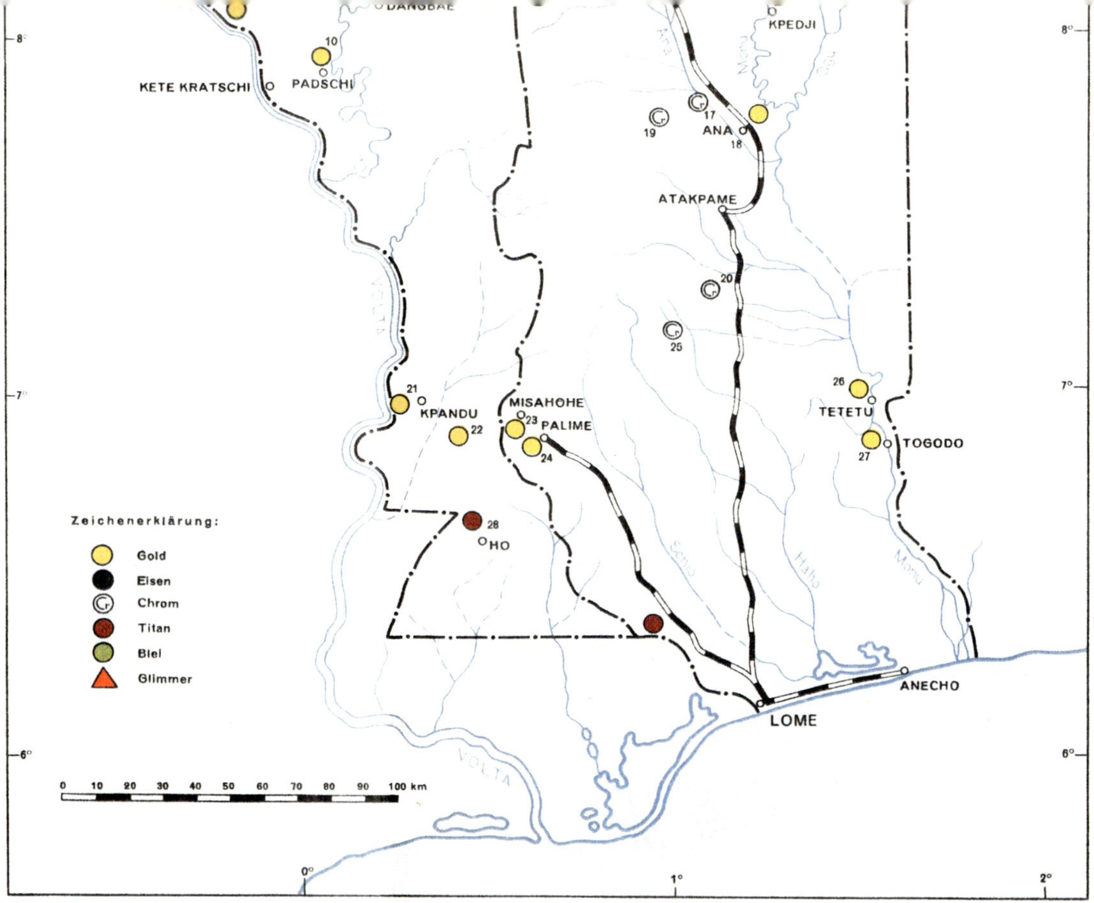

DIE MINERALLAGERSTÄTTEN TOGOS

„Deko XI zu Bürg, Minerallagerstätten Kamerun und Togo".
Hergestellt im Reichsamt für Landesaufnahme, Berlin 1942.
Verlag Walter de Gruyter, Berlin W 35.

Karte 1

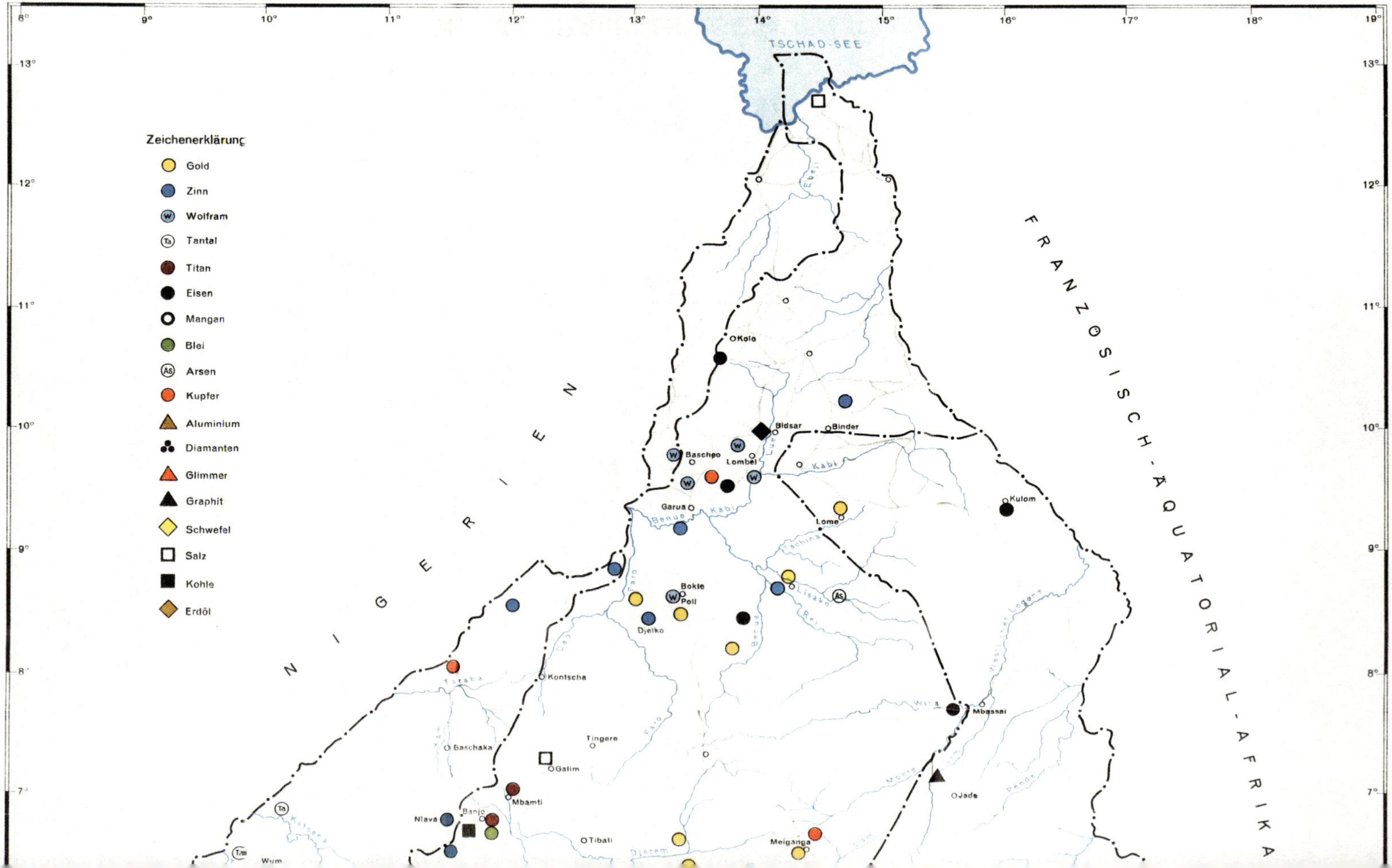

Zeichenerklärung
Gold
Zinn
Wolfram
Tantal
Titan
Eisen
Mangan
Blei
Arsen
Kupfer
Aluminium
Diamanten
Glimmer
Graphit
Schwefel
Salz
Kohle
Erdöl
TSCHAD-SEE
FRANZÖSISCH-ÄQUATORIAL-AFRIKA
NIGERIEN
Kolo
Bidsar
Binder
Baschoo
Lombel
Garua
Lome
Kulom
Bokte
Poli
Djelko
Kontscha
Tingere
Gaschaka
Galim
Mbamti
Banjo
Nlava
Tibati
Meiganga
Mbassai
Jade
Wum
Benue
Kabi

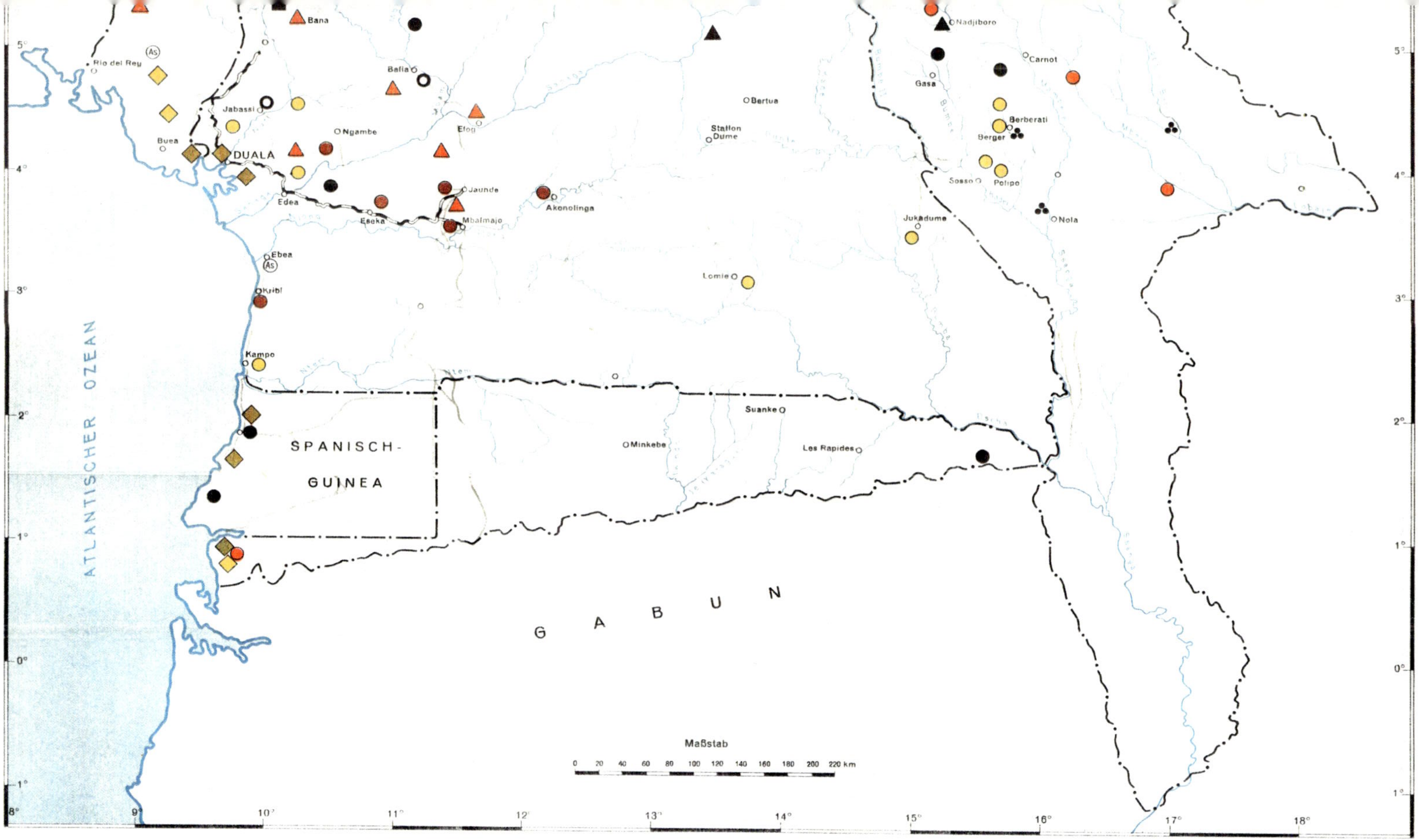

DIE MINERALLAGERSTÄTTEN KAMERUNS

„Deko XI zu Bürg, Mineralagerstätten Kamerun und Togo".
Hergestellt im Reichsamt für Landesaufnahme, Berlin 1942.
Verlag Walter de Gruyter, Berlin W 35.

Karte 2

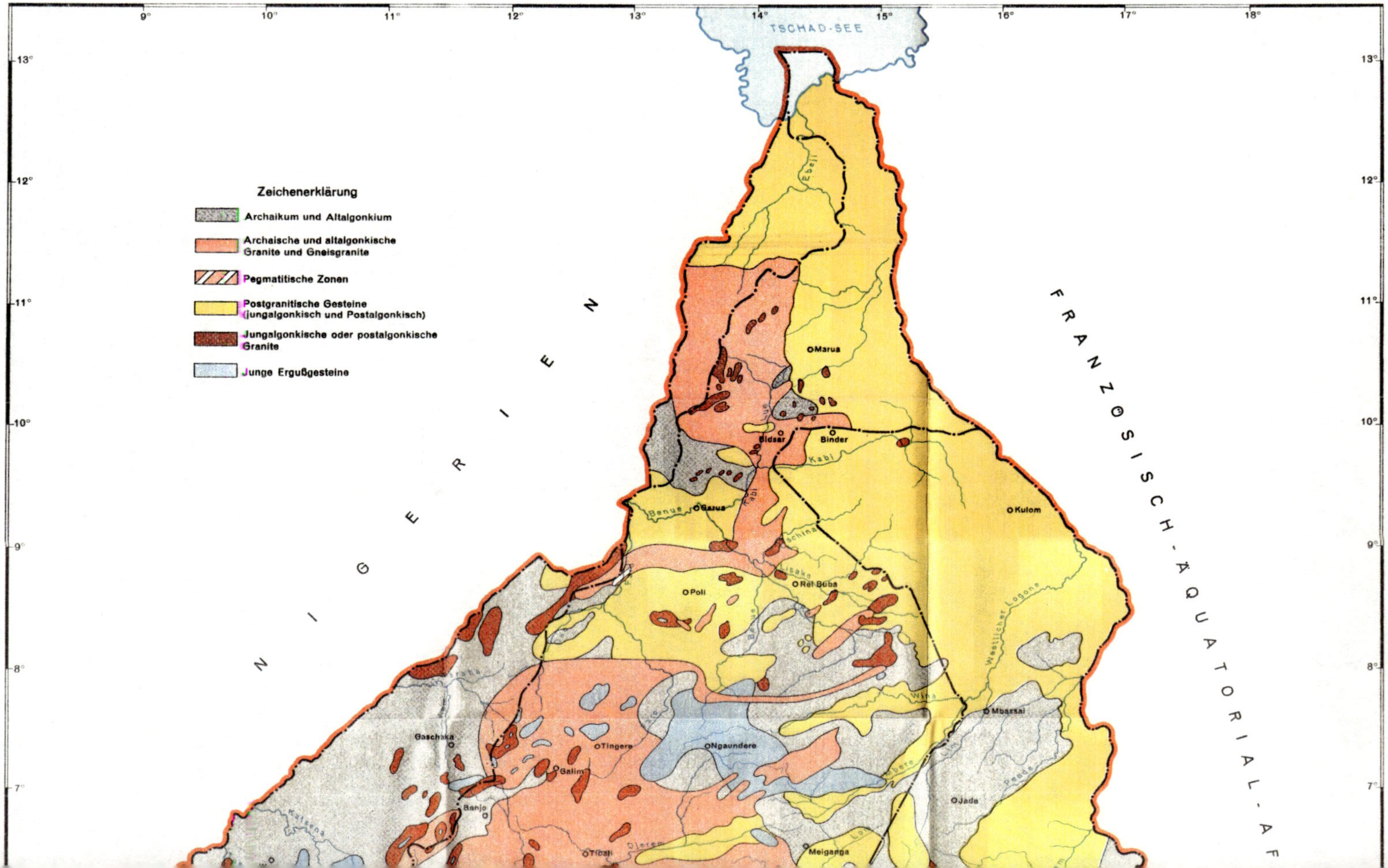
Zeichenerklärung
Archaikum und Altalgonkium
Archaische und altalgonkische Granite und Gneisgranite
Pegmatitische Zonen
Postgranitische Gesteine (jungalgonkisch und Postalgonkisch)
Jungalgonkische oder postalgonkische Granite
Junge Ergußgesteine
TSCHAD-SEE
FRANZÖSISCH-ÄQUATORIAL-AF
NIGERIEN
Marua
Bidsar
Binder
Garua
Kulom
Poli
Rei Buba
Mbarsai
Ngaundere
Tingere
Galim
Gaschaka
Banjo
Jade
Meiganga
Tibati
Benue
Kabi
Ebeji
Westlicher Logone
Wina
Djerem
Katsena
9°
10°
11°
12°
13°
14°
15°
16°
17°
18°
8°
7°

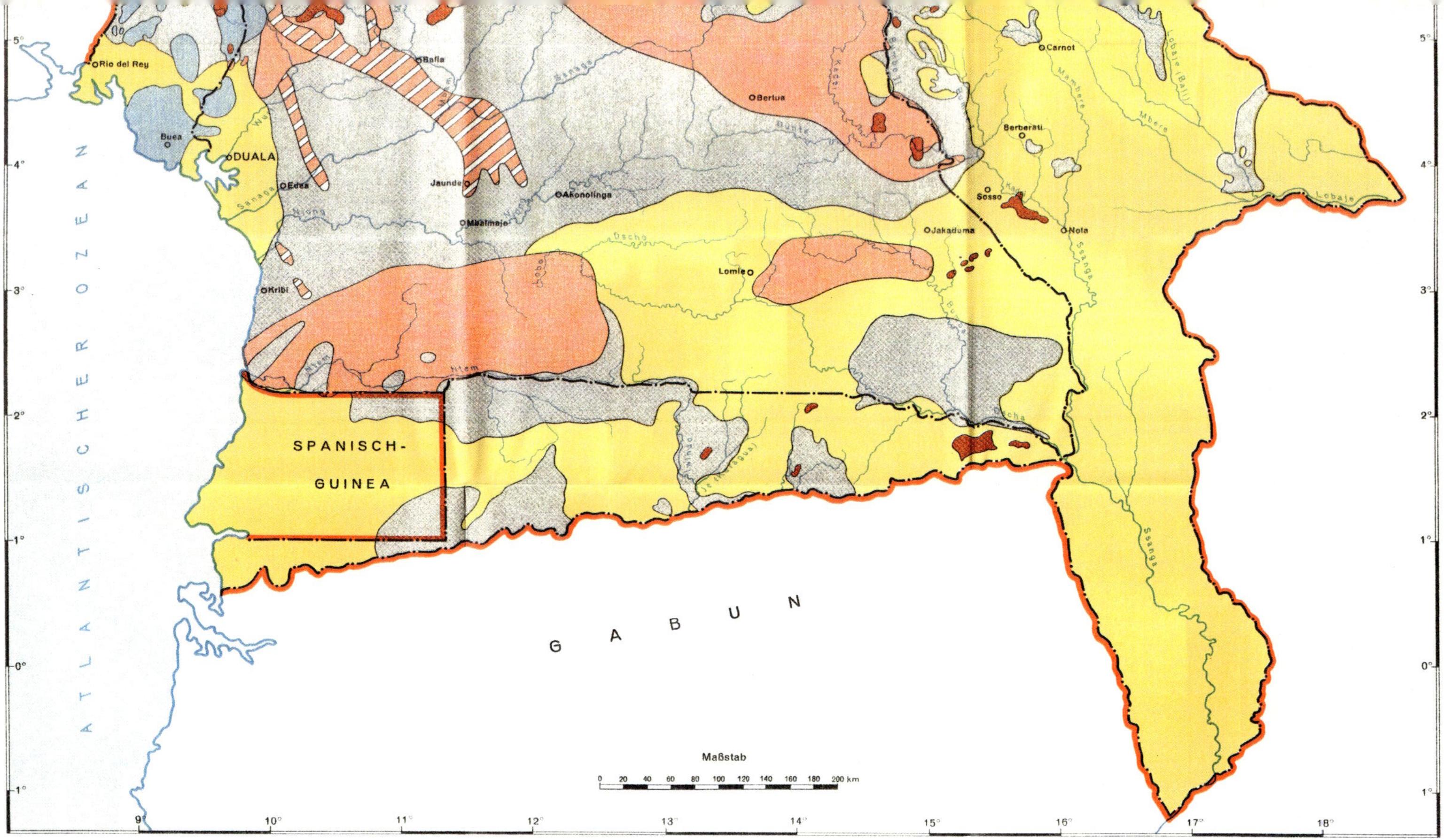

GEOLOGISCHE KARTE KAMERUNS

Nach Haugou, Vidal, Foucher, Koureatchy und Behrend

„Deko XI zu Bürg, Minerallagerstätten Kamerun und Togo".
Hergestellt im Reichsamt für Landesaufnahme, Berlin 1942.
Verlag Walter de Gruyter, Berlin W 35.

FSC
www.fsc.org
MIX
Papier | Fördert gute Waldnutzung
FSC® C083411

Zeitfracht Medien GmbH
Ferdinand-Jühlke-Straße 7
99095 Erfurt, Deutschland
produktsicherheit@kolibri360.de